JN094566

はじめに

　自分の苦手なところを知って、その部分を練習してできるようにするというのは学習の基本です。

　それは学習だけでなく、運動でも同じです。

　自分の苦手なところがわからないと、算数全部が苦手だと思ったり、算数が嫌いだと認識したりしてしまうことがあります。少し練習すればできるようになるのに、ちょっとしたつまずきやかんちがいをそのままにして、算数嫌いになってしまうとすれば、それは残念なことです。

　このドリルは、チェックで自分の苦手なところを知り、ホップ、ステップでその苦手なところを回復し、たしかめで自分の回復度、達成度、伸びを実感できるように構成されています。

　チェックでまちがった問題も、ホップ・ステップで練習をすれば、たしかめが必ずできるようになり、点数アップと自分の伸びが実感できます。

　チェックは、各単元の問題をまんべんなく載せています。問題を解くことで、自分の得意なところ、苦手なところがわかるように構成されています。

　ホップ・ステップでは、学習指導要領の指導内容である知識・技能、思考・判断・表現といった資質・能力を伸ばす問題を載せています。計算や図形などの基本的な性質などの理解と計算などを使いこなす力、文章題など筋道を立てて考える力、理由などを説明する力がつきます。

　チェックの各問題のあとに ホップ 1 へ! ステップ 1 へ! などと示し、まちがった問題や苦手な問題を補強するための類似問題が、ホップ・ステップのどこにあるのかがわかるようになっています。

　さらに、ジャンプは発展的な問題で、算数的な考え方をつける問題を載せています。少しむずかしい問題もありますが、チェック、ホップ、ステップ、たしかめがスラスラできたら、挑戦してください。

　また、各学年の学習内容を14単元にまとめていますので、テスト前の復習や短時間での1年間のおさらいにも適しています。

　このドリルで、算数の苦手な子は自分の弱点を克服し、得意な子はさらに自信を深めて、わかる喜び、できる楽しさを感じ、算数を好きになってほしいと願っています。

学力の基礎をきたえどの子も伸ばす研究会

★このドリルの使い方★

チェック

まずは自分の実力をチェック！

答え合わせをしてまちがえたら、問題の ホップ **1** へ！ 、 ステップ **2** へ！

といった矢印を確認しましょう。

※おうちの方へ

　……低学年の保護者の方は、ぜひいっしょに答え合わせと採点をしてあげてください。

　そして、できたこと、できなくてもチャレンジしたことを認めてほめてあげてください。できることも大切ですが、学習への意欲を育てることも大切です。

ホップ　と　ステップ

チェック で確認したやじるしの問題に取り組みましょう。

まちがえた問題も、これでわかるようになります。

たしかめ

改めて実力をチェック！

ホップ、ステップ に取り組んだあなたなら、きっと **チェック** のときよりも点数が伸びているはずです。

ジャンプ

もっとできるあなたにチャレンジ問題。

ぜひ挑戦してみてください。

★ぎゃくてん！算数ドリル　小学2年生　もくじ★

ひょうと グラフ

名前　　　　　　　　　　　月　　　日

1 公園に 来た ミニどうぶつ園の どうぶつの 数を グラフに しました。

どうぶつの 数

どうぶつの 数

どうぶつ	うさぎ	ひつじ	やぎ	にわとり	ろば
数					

① グラフを 見て 上の ひょうを かんせいさせましょう。　(20点)

② いちばん たくさん いる どうぶつは 何ですか。　(10点)

（　　　　　　　　）

③ いちばん 少ない どうぶつは 何 と 何ですか。　(10点)

（　　　　　　　）と（　　　　　　　）

④ どうぶつは ぜんぶで 何びきですか。　(10点)

（　　　　　　）

ホップ 1 2 へ！

2 クラスで ペットを かって いる 人数を しらべて ひょうに しました。

ペットを かって いる 人数

どうぶつ	いぬ	ねこ	うさぎ	かめ	インコ
人数	7	9	4	1	5

ペットを かって いる 人数

いぬ	ねこ	うさぎ	かめ	インコ

① ペットを かって いる 人数を、〇を つかって 右の グラフに あらわしましょう。 (20点)

② かって いる 人数が いちばん 多いのは、どの どうぶつですか。 (10点)

(　　　　)

③ ㋐、㋑の ことを 言って いる 人は それぞれ どちらですか。

(1もん10点／20点)

たくみさん「ネコを かって いる 人が いちばん 多いね。」

しょうさん「ウサギを かって いる 人は、インコを かって いる 人より 1人 少ないね。」

㋐ いちばん 多い もの ……(　　　)さん

㋑ 数の ちがい ……(　　　)さん

ステップ **1** **2** へ!

点

ひょうと　グラフ

1 くだものの　数_{かず}を　しらべましょう。

① 上の　くだものの　絵_えに　１つずつ
しるしを　つけながら、右の　グラフ
に　くだものの　数だけ　○を　書_かき
ましょう。

② 右の　グラフを　下の　ひょうに
あらわしましょう。

くだものの　数

くだもの					
人数					

くだものの　数

2 つぎの グラフは、食べた キャンディの 数を あらわして います。もんだいに 答えましょう。

食べた キャンディの 数

しの	ひろき	ふみか	りょうた	まり
				🍬
		🍬		🍬
🍬		🍬		🍬
🍬	🍬	🍬		🍬
🍬	🍬	🍬	🍬	🍬
しの	ひろき	ふみか	りょうた	まり

① ふみかさんは 何こ 食べましたか。

(   )

② いちばん 多く 食べた 人は だれですか。

(   ) さん

③ たべた 数が いちばん 少ないのは だれですか。

(   ) さん

④ みんなで 何こ キャンディを 食べましたか。

(   )

＼できた度／
☆☆☆☆☆

ひょうと グラフ

名前　　　　　　　　月　　　日

1 もって いる おはじきの 数を グラフに あらわしました。

おはじきの 数

① 左の グラフの 数を 下の ひょうに あらわしましょう。

おはじきの 数

名前	かなと	みらい	なお	はるか	しゅうと
こ数					

（グラフの たてじく）かなと　みらい　なお　はるか　しゅうと

② 2ばん目に 多く もって いる 人は だれですか。

（　　　　　　　　）さん

③ みらいさんと はるかさんでは、どちらが 多いですか。

（　　　　　　）さん

④ もって いる 数が 同じなのは、だれと だれですか。

（　　　　　　）さんと（　　　　　　）さん

2 かかりを きめる ために 1人1つずつ きぼうを 出しました。ひょうと グラフを 見て 答えましょう。

きぼうの かかりの 人数

かかり	ほけん	たいいく	いきもの	としょ	おんがく
人数	5	6	9	4	7

きぼうの かかりの 人数

ほけん	たいいく	いきもの	としょ	おんがく
		○		
		○		
		○		○
	○	○		○
○	○	○		○
○	○	○	○	○
○	○	○	○	○
○	○	○	○	○
○	○	○	○	○

① 2ばん目に 少ないのは 何がかりですか。

(   )

② いちばん 多い かかりと、2ばん目に 多い かかりは、何人 ちがいますか。

(   )

③ いちばん 多い かかりと、いちばん 少ない かかりの ちがいは 何人ですか。

(   )

④ かかりの 人数は ぜんぶで 何人ですか。

(   )

\ できた度 /
☆☆☆☆☆

-9-

ひょうと グラフ

名前 _____ 月 ___ 日 ___

1 小学校の 花だんの 花の 数を グラフに しました。

花の 本数

○				
○				
○			○	
○	○		○	
○	○		○	○
○	○	○	○	○
○	○	○	○	○
たんぽぽ	パンジー	ひまわり	チューリップ	ゆり

① 左の グラフの 数を 下の ひょうに あらわしましょう。 (20点)

花の 本数

花	たんぽぽ	パンジー	ひまわり	チューリップ	ゆり
本数					

② 2ばん目に 多い 花は 何ですか。 (10点)

( )

③ いちばん 多い 花と 2ばん目に 多い 花の ちがいは 何本ですか。 (10点)

( )

④ 2ばん目に 少ない 花と、いちばん 少ない 花の ちがいは 何本ですか。 (10点)

( )

2 スーパーで やさいを 買った 人数を しらべました。
下の ひょうを 見て 答えましょう。

やさいを 買った 人数

やさい	トマト	にんじん	きゅうり	ねぎ	かぶ
人数	8	7	6	2	4

① やさいを 買った 人数を、○を つかって 右の グラフに あらわしましょう。　(20点)

② トマトを 買った 人は、ねぎを 買った 人より 何人 多いですか。　(10点)

（　　　　　）

③ ㋐と ㋑の ことを 言って いる 人は それぞれ どちらですか。
(1もん10点／20点)

あいかさん 「トマトを 買った 人は にんじんを 買った 人より 1人 多いね。」

さわさん 「ねぎを 買った 人は 2人しか いないね。」

㋐ いちばん 少ないもの ……（　　　　）さん

㋑ 数の ちがい ……（　　　　）さん

やさいを 買った 人数

トマト	にんじん	きゅうり	ねぎ	かぶ

チェック

点

たしかめ

点

時こくと　時間

月　　　日
名前

1 □に　あてはまる　数を　書きましょう。　　（1もん5点／20点）

① 1時間＝ □ 分　　　　② 1日＝ □ 時間

③ 午前と　午後は　それぞれ □ 時間です。

④ 長い　はりが　1しゅうする　時間は □ 時間です。

ホップ 5 ステップ 1 2 へ!

2 つぎの　時計は　何時何分ですか。午前か　午後を　つけて、
（　）に　書きましょう。　　（1もん10点／20点）

① 朝

（　　　時　　　分　）

② 夜

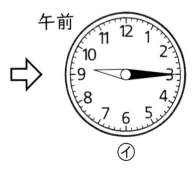

（　　　時　　　分　）

ホップ 1 へ!

3 ⑦から　⑦までの　時間を　書きましょう。　　（10点）

午前　　　　　　　　　　　　　午前

⑦　　　　　　⇨　　　　　　⑦

（　　　　　　　）

ホップ 2 4 へ!

4 □に あてはまる 数を 書きましょう。 （1もん5点／10点）

① 1時間30分＝ ☐ 分

② 70分＝ ☐ 時間 ☐ 分

ステップ 2 へ!

5 つぎの 図を 見て、□に あてはまる ことばや 数を 書きましょう。 （□1つ5点／20点）

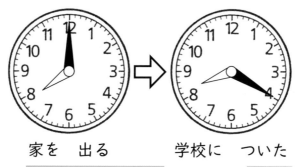

家を 出る　　　　学校に ついた

① 家を 出た ☐ は、午前 ☐ 時です。

② 学校に つくまでに かかった ☐ は、

☐ 分間です。

ホップ 3 4 ステップ 3 へ!

6 つぎの 時こくを 午前か 午後を つけて 書きましょう。 （1もん10点／20点）

朝

今の 時こく

① 1時間後は 何時何分ですか。

（　　　　　　　　）

② つばささんは、今まで 40分間 本を 読んで いました。読みはじめた 時こく は、何時何分ですか。

（　　　　　　　　）

ステップ 4 5 へ!

点

がんばったね!

時こくと　時間

1 つぎの　時こくを　午前か　午後を　つけて　書きましょう。

① 朝ごはん　　　② 昼ごはん　　　③ ばんごはん

(　　　　　　　) (　　　　　　　) (　　　　　　　)

2 つぎの　時こくから　20分後の　時こくの　長い　はりを、右の　時計に　かきこみましょう。

3 今の　時こくは　午前10時40分です。つぎの　時こくを　書きましょう。

① 1時間後

(　　　　　　　　　　　　)

② 1時間前

(　　　　　　　　　　　　)

4 つぎの　時間を　書きましょう。

① 午前 8 時から　午前 8 時 35 分まで。

（　　　　　）

② 午前 11 時 45 分から　午後 1 時 45 分まで。

（　　　　　）

5 つぎの　時間や　時こくを　もとめましょう。

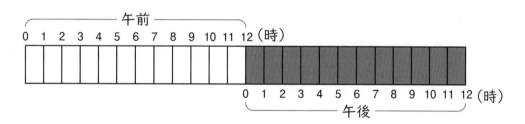

① 午前 9 時から　午後 3 時までの　時間。

（　　　　　）

② 午前 10 時から　3 時間後の　時こく。

（　　　　　）

\でき度/
☆☆☆☆☆

時こくと　時間

名前　　　　　月　　　日

1 1日の　時間の　ひょうを　見て、（　）に　あてはまる　数字を　書きましょう。

① 午前は　午前0時から　午前12時（正午）までの

（　　　　　）時間です。

② 午後は　午後0時（正午）から　午後12時までの

（　　　　　）時間です。

③ 1日は　午前と　午後が　あるので、あわせると

（　　　　　）時間です。

2 （　）に　あてはまる　数を　書きましょう。

① 長い　はりが　1しゅう　すると、

（　　　　　）分です。

② みじかい　はりが　1しゅう　すると、

（　　　　　）時間です。

3 つぎの　時間や　時こくを　書きましょう。

① 午前０時から　７時間後の　時こく。

(　　　　　　　　　　)

② 午前10時から　午前11時30分までの　時間。

(　　　　　　　　　　)

③ 午後８時から　3時間30分前の　時こく。

(　　　　　　　　　　)

4 そうたさんは　20分間　べんきょうして、午後４時に　べんきょうを　おえました。べんきょうを　はじめた　時こくを　書きましょう。

(　　　　　　　　　　)

5 のぞみさんは　午後９時に　ねて、つぎの　日の　午前７時に　おきました。すいみん時間は　何時間ですか。

(　　　　　　　　　　)

時こくと　時間

名前　　　　　　　　　月　　　　日

1　□に　あてはまる　数を　書きましょう。　　　（1もん5点／20点）

①　60分 = □ 時間　　　②　24時間 = □ 日

③　みじかい　はりは、1日に □ しゅう　します。

④　長い　はりは、1時間に □ しゅう　します。

2　つぎの　時計は　何時何分ですか。午前か　午後を　つけて、
（　）に　書きましょう。　　　（1もん10点／20点）

①　朝　　　　　　　　　　　②　昼

（　　　時　　　分　）（　　　時　　　分　　）

3　⑦から　⑦までの　時間を　書きましょう。　　　（10点）

午前　　　　　　　　　　　午前

　⇨　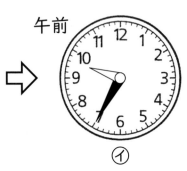

⑦　　　　　　　　　　　　⑦

（　　　　　　　）

4 □に あてはまる 数を 書きましょう。 (1もん5点／10点)

① 1時間45分＝ □ 分

② 115分＝ □ 時間 □ 分

5 つぎの 図を 見て、□に あてはまる ことばや 数を 書きましょう。 (□1つ5点／20点)

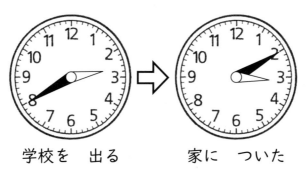

学校を 出る　　　　家に ついた

① 学校を 出た □ は、午後2時 □ 分です。

② 家に つくのに かかった □ は □ 分間です。

6 つぎの 時こくを 午前か 午後を つけて 書きましょう。 (1もん10点／20点)

夕方

今の 時こく

① 55分前は 何時何分ですか。

（　　　　　　　　　）

② れいなさんは、今から 50分間 おつかいに 出かけました。帰ってきたのは、何時何分ですか。

（　　　　　　　　　）

チェック

点

たしかめ

点

－ 19 －

たし算と　ひき算

名前 _____ 月 ____ 日 ____

1 つぎの　計算を　しましょう。　　　　（1もん4点／24点）

①
```
  1 2
+ 4 3
```

②
```
  5 7
+ 3 0
```

③
```
  7 3
+   6
```

④
```
  5 2
+ 2 9
```

⑤
```
  3 6
+ 4 4
```

⑥
```
  2 9
+   7
```

ホップ **1** **2** へ!

2 つぎの　計算を　しましょう。　　　　（1もん4点／24点）

①
```
  2 6
- 1 3
```

②
```
  5 8
- 4 0
```

③
```
  6 4
-   3
```

④
```
  3 5
- 1 7
```

⑤
```
  9 0
-   2
```

⑥
```
  8 2
- 3 9
```

ホップ **3** **4** へ!

3 本だなに　絵本が　23さつ、図かんが　15さつ　あります。
ぜんぶで　何さつの　本が　ありますか。　（しき7点・答え10点／17点）

しき

答え _____

ステップ 1 2 3 へ!

4 イチゴを　56こ　つみました。そのうち　23こ　食べました。
のこりは　何こですか。　（しき7点・答え10点／17点）

しき

答え _____

ステップ 4 5 6 へ!

5 公園に　鳥が　23羽　います。7羽　とんでいくと、鳥は
何羽に　なりますか。　（しき8点・答え10点／18点）

しき

答え _____

ステップ 4 5 6 へ!

点

がんばったね！

1 つぎの　計算を　しましょう。

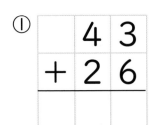

①
```
   4 3
+  2 6
```

②
```
   2 4
+  2 1
```

③
```
   6 5
+  2 0
```

④
```
   2 5
+    3
```

⑤
```
   1 0
+  1 5
```

⑥
```
   8 0
+    3
```

2 つぎの　計算を　しましょう。

①
```
   6 6
+  2 7
```

②
```
   1 7
+  1 8
```

③
```
   2 3
+  5 8
```

④
```
   4 1
+  1 9
```

⑤
```
   6 1
+    9
```

⑥
```
   7 8
+    6
```

3 つぎの　計算を　しましょう。

①
```
   3 6
-  1 5
───────
```

②
```
   4 9
-  2 2
───────
```

③
```
   9 7
-  6 4
───────
```

④
```
   5 8
-  3 0
───────
```

⑤
```
   3 4
-    4
───────
```

⑥
```
   9 9
-    5
───────
```

4 つぎの　計算を　しましょう。

①
```
   5 7
-    9
───────
```

②
```
   3 0
-    3
───────
```

③
```
   5 1
-  1 4
───────
```

④
```
   7 1
-  4 7
───────
```

⑤
```
   4 0
-  2 7
───────
```

⑥
```
   7 3
-  3 6
───────
```

できた度
☆☆☆☆☆

たし算と　ひき算

月　　　日
名前

1 青い　色紙が　26まい、赤い　色紙が　13まい　あります。
色紙は　ぜんぶで　何まい　ありますか。

しき

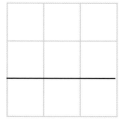

答え _____

2 さなえさんは　67円の　チョコレートと　24円の　ガムを
買います。だい金は　いくらに　なりますか。

しき

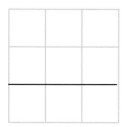

答え _____

3 計算しなくても　答えが　同じに　なると　わかる　しきどう
しを、線で　むすびましょう。

34 + 12	87 + 14	6 + 59
・	・	・

・	・	・	・
14 + 87	59 + 6	28 + 36	12 + 34

4 たかひろさんは　67円　もって　います。25円の　グミを　買います。のこりは　いくらですか。

しき

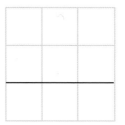

答え _____

5 なわとびで　はるかさんは　37回、もえさんは　29回　とびました。どちらが　何回　多く　とびましたか。

しき

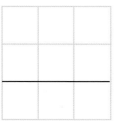

答え _____

6 ひき算の　しきと　その　答えの　たしかめに　なる　たし算の　しきを、線で　むすびましょう。

68 − 26	91 − 40	52 − 46

51 + 40	27 + 5	42 + 26	6 + 46

\できた度/
☆☆☆☆☆

たし算と　ひき算

名前　　　　　　　　月　　　　日

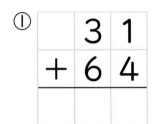

1 つぎの　計算を　しましょう。　　　　　　　（1もん4点／24点）

①
```
   3 1
+  6 4
```

②
```
   1 0
+  5 8
```

③
```
   1 3
+  8 0
```

④
```
   4 7
+  2 7
```

⑤
```
   5 1
+  1 9
```

⑥
```
   7 5
+    6
```

2 つぎの　計算を　しましょう。　　　　　　　（1もん4点／24点）

①
```
   9 7
-  6 4
```

②
```
   2 8
-    2
```

③
```
   3 4
-    4
```

④
```
   7 1
-  4 7
```

⑤
```
   4 0
-  1 4
```

⑥
```
   3 0
-    3
```

— 26 —

3 みゆきさんは 本を きのうまでに 42ページ 読みました。きょうは 35ページ 読みました。ぜんぶで 何ページ 読みましたか。

（しき7点・答え10点／17点）

しき

答え _____

4 1こ 46円の ゼリーを 2こ 買います。ぜんぶで 何円に なりますか。

（しき7点・答え10点／17点）

しき

答え _____

5 白い 花が 27本、赤い 花が 53本 あります。どちらが 何本 多いですか。

（しき8点・答え10点／18点）

しき

答え _____

チェック 　点

たしかめ 　点

1 左はしから ↓までの 長さを 書きましょう。　(1もん5点／20点)

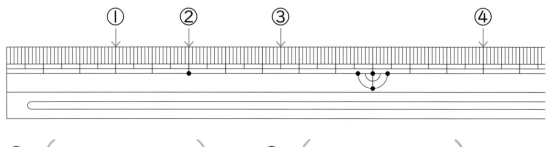

①　(　　　　　　　　)　　②　(　　　　　　　　)

③　(　　　　　　　　)　　④　(　　　　　　　　)

ホップ 1 へ!

2 ものさしを つかって、つぎの テープの 長さを はかりましょう。　(1もん10点／20点)

①

②

(　　　　　　　)　　　　　　(　　　　　　　)

ホップ 2 ステップ 2 へ!

3 つぎの ものの 長さに あてはまる たんいは 何ですか。
(　)に 書きましょう。　(1もん5点／10点)

① つくえの よこの 長さ　　② 教科書の あつさ

65 (　　　　)　　　　　　6 (　　　　)

ホップ 4 へ!

4 ものさしを つかって、つぎの 長さの 直線を ●から 右 へ 引きましょう。 (1もん5点／10点)

① 3cm   ●

② 6cm5mm   ●

ホップ 5 へ!

5 □に あてはまる 数を 書きましょう。 (1もん5点／20点)

① 2cm = ☐ mm   ② 4cm3mm = ☐ mm

③ 70mm = ☐ cm   ④ 16mm = ☐ cm ☐ mm

ホップ 3 ステップ 1 へ!

6 つぎの 計算を しましょう。 (1もん5点／10点)

① 4cm + 3cm =

② 10cm − 7cm =

ステップ 3 へ!

7 ペンの 長さは 15cm です。これを 2本 つなぐと、長さは 何cmに なりますか。 (しき・答え5点／10点)

しき

答え _____

ステップ 4 5 へ!

点   がんばったね!

1 つぎの ものの 長さは どれだけですか。

①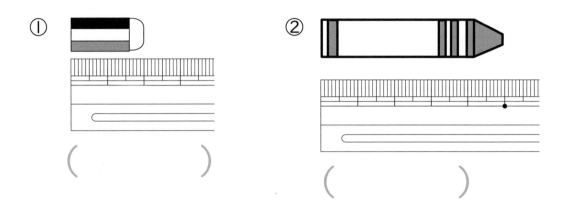

（　　　　　　）

②

（　　　　　　）

③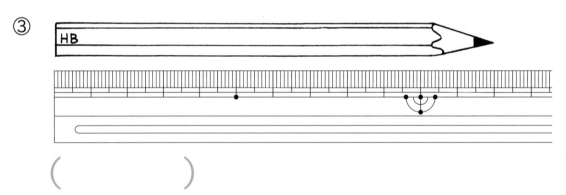

（　　　　　　）

2 つぎの 直線の 長さを ものさしで はかりましょう。

① ——————————————　　（　　　　　　）

②

（　　　　　　）

3 長い 方に ○を つけましょう。

① ⑦ 3cm （　　　）　　② ⑦ 8mm （　　　）

　 ④ 20mm （　　　）　　　 ④ 5cm （　　　）

4 （　）に あてはまる 長さの たんいを 書きましょう。

① はがきの たての 長さ 16 （　　　　）

② 1円玉の 大きさ 20 （　　　　）

5 つぎの 長さの 直線を ●から 右へ 引きましょう。

① 5mm 　　　●

② 4cm 　　　●

③ 7cm5mm 　●

＼できた度／

☆☆☆☆☆

1 □に　あてはまる　数を　書きましょう。

① 2cm = [　　　　] mm

② 70mm = [　　] cm

③ 3cm5mm = [　　　　] mm

④ 49mm = [　　] cm [　　] mm

2 ㋐、㋑の　線の　長さを　くらべます。

㋐

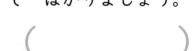 ① ㋐の　長さを　ものさし
　　で　はかりましょう。

（　　　　　　）

㋑

② ㋑の　長さを　ものさし
　　で　はかりましょう。

（　　　　　　）

③ どちらが　長いですか。

（　　）

3 つぎの 計算を しましょう。

① 3cm ＋ 9cm ＝

② 14cm － 5cm ＝

③ 2cm3mm ＋ 6cm4mm ＝

④ 7cm5mm － 1cm2mm ＝

4 長さ 30cm の ぼうに 12cm の ぼうを つなぎました。長さは どれだけに なりますか。
しき

答え _____

5 長さ 13cm6mm の リボンが あります。7cm4mm つかいました。 のこりは どれだけですか。
しき

答え _____

\ できた度 /
☆☆☆☆☆

1 左はしから　↓までの　長さを　書きましょう。　（1もん5点／20点）

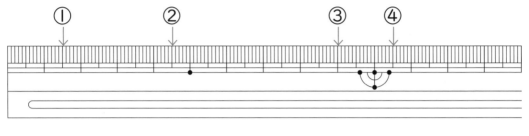

① （　　　　　　　）　② （　　　　　　　）

③ （　　　　　　　）　④ （　　　　　　　）

2 ものさしを　つかって、つぎの　テープの　長さを　はかりましょう。　（1もん10点／20点）

① 　　　　　　　　　　　　　②

（　　　　　　　）　　　　　　（　　　　　　　）

3 つぎの　ものの　長さに　あてはまる　たんいは　何ですか。（　）に　書きましょう。　（1もん5点／10点）

① ノートの　あつさ　　　② えんぴつの　長さ

　4 （　　　）　　　　　　　18 （　　　）

4 ものさしを つかって、つぎの 長さの 直線を ●から 左
へ 引きましょう。　　　　　　　　　　　　（1 もん 5 点／ 10 点）

① 3cm5mm　　　　　　　　　　　　　　　　●

② 6cm2mm　　　　　　　　　　　　　　　　●

5 □に あてはまる 数を 書きましょう。　　（1 もん 5 点／ 20 点）

① 10cm = ⬚ mm　② 1cm9mm = ⬚ mm

③ 7cm4mm = ⬚ mm

④ 105mm = ⬚ cm ⬚ mm

6 つぎの 計算を しましょう。　　　　　　（1 もん 5 点／ 10 点）

① 4cm2mm ＋ 1cm7mm =

② 12cm8mm － 5cm6mm =

7 長さが 11cm6mm の 青い リボンと、18cm9mm の 赤い
リボンが あります。どちらが どれだけ 長いですか。
　　　　　　　　　　　　　　　　　　　（しき・答え 5 点／ 10 点）

しき

答え

100 より 大きい 数

名前 _____ 月 _____ 日 _____

1 つぎの お金は いくらですか。数字で 書きましょう。

① （　　　　　）円

② （　　　　　）円

ホップ **1** へ！

2 つぎの 数を 数字で 書きましょう。　　(1もん5点／15点)

① 三百七十八　　　② 六百九十　　　③ 百七

（　　　　　）　　　　（　　　　　）　　　　（　　　　　）

ホップ **2** へ！

3 □に あてはまる 数を 書きましょう。　　(□1つ5点／25点)

① 375 は 100 を □ こ、10 を □ こ、

1 を □ こ あわせた 数です。

② 10 を 26 こ あつめた 数は □ です。

③ 100 を 5 こ、10 を 7 こ、1 を 4 こ あわせた 数は

□ です。

ホップ **3** **4** へ！

4 □に あてはまる 数を 書きましょう。 （□1つ5点／25点）

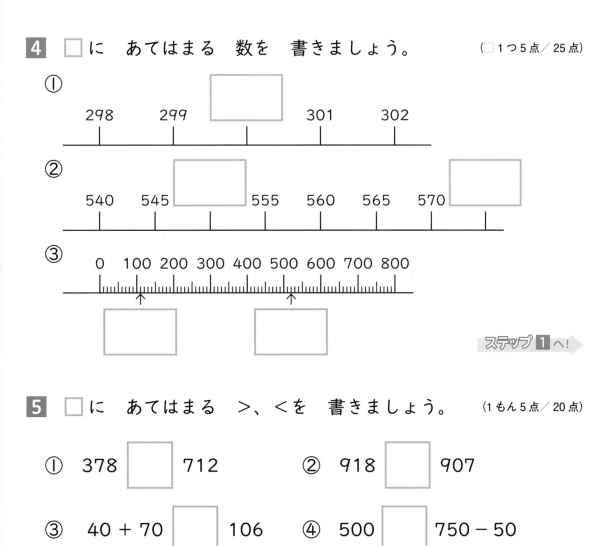

① 298 299 □ 301 302

② 540 545 □ 555 560 565 570 □

③ 0 100 200 300 400 500 600 700 800

□ □

ステップ **1** へ！

5 □に あてはまる ＞、＜を 書きましょう。 （1もん5点／20点）

① 378 □ 712   ② 918 □ 907

③ 40＋70 □ 106   ④ 500 □ 750－50

ステップ **2** **3** へ！

6 さくやさんは 200円 もって いました。おうちの 人から 300円 もらいました。あわせて いくらに なりましたか。

（しき2点・答え3点／5点）

しき

答え _____

ステップ **4** **5** **6** へ！

点 がんばったね！

ホップ　100 より　大きい　数

100 より　大きい　数

名前　　　　　　　　月　　　日

1 つぎの　お金は　いくらですか。数字で　書きましょう。

①

（　　　　　　　　　）円

②

（　　　　　　　　　）円

③

（　　　　　　　　　）円

④

（　　　　　　　　　）円

⑤

（　　　　　　　　　）円

2 つぎの　数を　数字で　書きましょう。

① 二百七十六　　　　　　② 七百五十八

（　　　　　　　）　　　　　　　（　　　　　　　）

③ 九百七十　　　　　　　④ 百九

（　　　　　　　）　　　　　　　（　　　　　　　）

3 □に あてはまる 数を 書きましょう。

① 523は 100を □ こ、10を □ こ、

1を □ こ あわせた 数です。

② 100を 3こ、10を 7こ、1を 9こ あわせた 数は

□ です。

③ 百のくらいの 数字が 9、十のくらいの 数字が 2、

一のくらいの 数字が 0の 数は □ です。

4 つぎの 数を 数字で 書きましょう。

① 500と 20を あわせた 数。　（　　　　　）

② 800と 7を あわせた 数。　（　　　　　）

③ 10を 52こ あわせた 数。　（　　　　　）

④ 300より 400 大きい 数。　（　　　　　）

\できた度/
☆☆☆☆☆

100より 大きい 数

名前 _____

月　　　日

1 つぎの 数の 線を 見て、答えましょう。

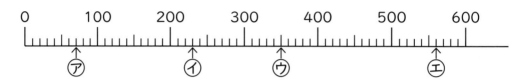

① いちばん 小さい 1めもりは いくつですか。

（　　　　　　）

② ⑦～⑨の 数を 書きましょう。

⑦ （　　　　　　）　　　④ （　　　　　　）

⑨ （　　　　　　）　　　⑩ （　　　　　　）

2 つぎの 計算を しましょう。

① 40 + 60 =　　　　　② 30 + 90 =

③ 100 + 800 =　　　　④ 500 + 200 =

⑤ 110 − 50 =　　　　⑥ 150 − 70 =

⑦ 600 − 400 =　　　⑧ 1000 − 500 =

3 □に あてはまる ＞、＜、＝を 書きましょう。

① 431 □ 358 　　② 709 □ 790

③ 150 □ 80 ＋ 70 　　④ 640 － 30 □ 590

4 こはるさんの クラスでは、きのうまでに メダルを 80 こ 作りました。きょう 30 こ 作ると、メダルは ぜんぶで 何こ に なりますか。

しき

答え _____

5 色紙が 160 まい あります。70 まい つかいました。のこり は 何まいに なりますか。

しき

答え _____

6 ゆいさんは 500 円の おこづかいで 250 円の ノートを 買いました。のこりは いくらに なりますか。

しき

答え _____

できた度
☆☆☆☆☆

1 いくら ありますか。数で 書きましょう。 (1もん5点／10点)

①

（　　　　　）円

②

（　　　　　）円

2 つぎの 数を 数字で 書きましょう。 (1もん5点／15点)

① 九百五十二　　② 二百九十九　　③ 千

（　　　　　）　　（　　　　　）　　（　　　　　）

3 □に あてはまる 数を 書きましょう。 (□1つ5点／25点)

① 824は 100を □ こ、10を □ こ、

1を □ こ あわせた 数です。

② 100を 6こ、10を 8こ、1を 6こ あわせた 数は

[　　　　　]です。

③ 10を 99こ あわせた 数は [　　　　　]です。

4 □に あてはまる 数を 書きましょう。 （□1つ5点／25点）

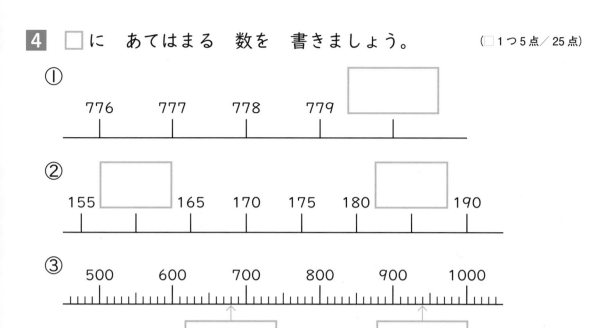

① 776　777　778　779　□

② □　155　165　170　175　180　□　190

③ 500　600　700　800　900　1000　□　□

5 □に あてはまる ＞、＜を 書きましょう。 （1もん5点／20点）

① 908 □ 980　　② 226 □ 262

③ 300 + 200 □ 400　④ 900 □ 1000 − 200

6 まゆさんは 300円の キーホルダーを 買って、500円玉を 出しました。おつりは いくらですか。 （しき2点・答え3点／5点）

しき

こた
答え

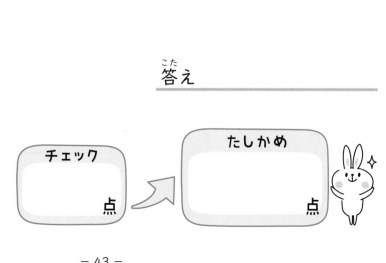

チェック
点

たしかめ
点

大きい 数の たし算と ひき算

月　　　日
名前

1 78 ＋ 63の　ひっ算を　します。( )に　あてはまる　数を 書きましょう。

(( )1つ5点／35点)

$$
\begin{array}{r}
7\ 8 \\
+\ 6\ 3 \\
\hline
\end{array}
$$

① 一のくらいは　8 ＋ 3 ＝ ( )で、

一のくらいに ( )を　書き、十のく

らいに ( )　くり上げます。

② 十のくらいは　7 ＋ 6 ＋ ( )＝ ( )で、十のくら

いに ( )、百のくらいに ( )と　書きます。

ホップ **1** へ!

2 つぎの　計算を　しましょう。

(1もん5点／20点)

①
$$
\begin{array}{r}
7\ 6 \\
+\ 2\ 9 \\
\hline
\end{array}
$$

②
$$
\begin{array}{r}
2\ 5 \\
+\ 9\ 6 \\
\hline
\end{array}
$$

③
$$
\begin{array}{r}
4\ 3\ 3 \\
+\ \ \ 2\ 7 \\
\hline
\end{array}
$$

④
$$
\begin{array}{r}
5\ 7\ 7 \\
+\ \ \ 4\ 8 \\
\hline
\end{array}
$$

ホップ **1 2 3** へ!

3 つぎの　計算を　しましょう。　　　　　　　　(1もん5点／15点)

①
```
  1 4 4
－   9 1
```

②
```
  1 3 2
－   8 5
```

③
```
  8 4 7
－     9
```

ホップ 1 2 4 へ!

4　ゆうまさんの　クラスは　きのうまでに　メダルを　74こ　作りました。きょうは　48こ　作りました。ぜんぶで　何こ　作りましたか。　　　　　　　　(しき5点・答え10点／15点)

しき

答え _____

ステップ 1 2 3 へ!

5　さちさんは　ホウセンカの　たねを　104こ　もって　います。弟に　36こ　あげました。何こ　のこりますか。
　　　　　　　　(しき5点・答え10点／15点)

しき

答え _____

ステップ 4 5 6 へ!

点

がんばったね!

1 つぎの　計算の　答えが　正しければ　○を、まちがって　いれば　正しい　答えを　（　）に　書きましょう。

①
```
    5 4
 +  7 8
 ─────
  1 2 2
```
（　　　）

②
```
  1 1 8
 +  7 2
 ─────
  1 9 0
```
（　　　）

③
```
  1 6 2
 -   8 7
 ─────
    7 5
```
（　　　）

④
```
  1 0 0
 -   2 7
 ─────
    8 3
```
（　　　）

2 つぎの　計算を　しましょう。

①
```
  5 8 2
 +     9
```

②
```
  9 7 8
 +     4
```

③
```
  4 6 5
 +   2 6
```

④
```
  1 0 6
 -     9
```

⑤
```
  2 5 3
 -     7
```

⑥
```
  6 7 2
 -   6 8
```

3 つぎの　計算を　しましょう。

①
```
   4 3
+  7 7
───────
```

②
```
   5 2
+  6 1
───────
```

③
```
   7 6
+  8 0
───────
```

④
```
   9 2
+  2 4
───────
```

⑤
```
   6 8
+  7 3
───────
```

⑥
```
   2 2
+  8 9
───────
```

4 つぎの　計算を　しましょう。

①
```
  1 4 9
−   7 2
───────
```

②
```
  1 0 2
−   4 1
───────
```

③
```
  1 7 5
−   9 2
───────
```

④
```
  1 2 1
−   3 3
───────
```

⑤
```
  1 5 0
−   8 7
───────
```

⑥
```
  1 1 4
−   2 6
───────
```

\ できた度 /
☆☆☆☆☆

1　1年生は　68人、2年生は　75人　います。1年生と　2年生を　あわせると　何人に　なりますか。

しき

答え _____

2　ひまさんは　文ぼうぐやさんで　72円の　けしゴムと　69円の　えんぴつを　買いました。だい金は　いくらですか。

しき

答え _____

3　りんさんは、きのうまでに　本を　217ページまで　読みました。きょうは　38ページ　読みました。ぜんぶで　何ページ　読みましたか。

しき

答え _____

4 姉の せの 高さは 131cm で、妹の せの 高さは 98cm です。ちがいは 何cm です。

しき

答え _____

5 グミは 49円、チョコレートは 128円でした。どちらが 何円 高いですか。

しき

答え _____

6 ひろきさんは カードを 123まい もって います。弟に 35まい あげると、のこりは 何まいですか。

しき

答え _____

\ できた度 /
☆☆☆☆☆

大きい 数の たし算と ひき算

月　日

名前

1 104 − 28 の 計算を します。（　）に あてはまる 数や ことばを 書きましょう。

（（　）1つ2点／20点）

$$\begin{array}{r} 1\ 0\ 4 \\ -\quad 2\ 8 \\ \hline \end{array}$$

① 一のくらいの 4から （　　　）は ひけません。十のくらいは 0なので （　　　）のくらいから （　　　）のくらいに 1 くり下げます。

② つぎに 十のくらいから （　　　）のくらいに 1 くり下げて、（　　　）−（　　　）=（　　　）です。

　十のくらいは （　　　）−（　　　）=（　　　）です。

2 つぎの 計算を しましょう。

（1もん5点／20点）

①
$$\begin{array}{r} 4\ 6\ 7 \\ +\quad\ \ 8 \\ \hline \end{array}$$

②
$$\begin{array}{r} 7\ 9 \\ +2\ 3\ 1 \\ \hline \end{array}$$

③
$$\begin{array}{r} 1\ 6\ 4 \\ -\quad 7\ 3 \\ \hline \end{array}$$

④
$$\begin{array}{r} 6\ 5\ 4 \\ -\quad 3\ 8 \\ \hline \end{array}$$

3 つぎの　計算を　しましょう。　　　　　　　　（1もん10点／30点）

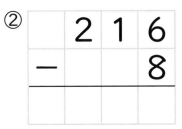

①
```
  1 0 3
-   1 5
```

②
```
  2 1 6
-     8
```

③
```
  1 0 7
-   9 8
```

4 南小学校の　1年生は　86人、2年生は　84人です。1年生と　2年生は　あわせて　何人　いますか。　（しき5点・答え10点／15点）

しき

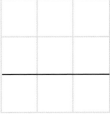

答え _____

5 色紙が　152まい　あります。27まい　つかいました。のこった　色紙は　何まいですか。　（しき5点・答え10点／15点）

しき

答え _____

チェック
点

たしかめ
点

水の かさ

1 つぎの 水の かさは どれだけですか。　(1もん5点／10点)

① 1dL 1dL 1dL 1dL 1dL 1dL 1dL 1dL （　　　　　　）

② 1L 1L 1dL 1dL 1dL 1dL （　　　　　　）

ホップ **1** へ!

2 （　）に あてはまる かさの たんいを 書きましょう。　(1もん5点／15点)

① ポットの 水　　　　6（　　　　　）

② かんジュース　　　350（　　　　　）

③ コップの 水　　　　3（　　　　　）

ホップ **3** へ!

3 □に あてはまる 数を 書きましょう。　(□1つ5点／25点)

① 1L は [　　　　　　] mL です。

② [　　] dL は 400mL です。

③ 1dL ます 5はいと 60mL の 水の かさは

[　　] dL [　　　　] mL です。

④ [　　] L は 2000mL です。

ホップ **2** ステップ **1** へ!

4 かさの 多い 方に ○を つけましょう。 （1もん5点／10点）

① ⑦ 900mL （　　）　② ⑦ 20dL （　　）

　 ⑦ 7L　　 （　　）　　 ⑦ 3L　 （　　）

ステップ **1** へ！

5 つぎの 計算を しましょう。 （1もん5点／20点）

① 2L3dL ＋ 6L5dL ＝

② 1L ＋ 1L8dL ＝

③ 7L4dL － 3L ＝

④ 6L9dL － 5dL ＝

ステップ **2** へ！

6 お茶が やかんに 2L8dL、水とうに 2L 入って います。
あわせて どれだけ 入って いますか。 （しき・答え10点／20点）

しき

答え _____

ステップ **3** **4** へ！

点

がんばったね！

－ 53 －

水の かさ

名前 _____ 月 ___ 日 ___

1 つぎの 水の かさに なるように 色を ぬりましょう。

① 8dL

② 5dL

③ 12dL

④ 2L3dL

⑤ 4L7dL

2 つぎの 水の かさを それぞれ ㋐、㋑の あらわし方で 書きます。□に あてはまる 数を 書きましょう。

①

㋐  □ L

㋑ □ dL

②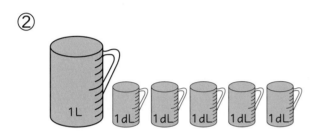

㋐ □ L □ dL

㋑ □ dL

③

㋐ □ L □ dL

㋑ □ dL

3 （　）に あてはまる かさの たんいを 書きましょう。

① 水とう　　　　500（　　　　　　）

② バケツの 水　　45（　　　　　　）

水の　かさ

1 つぎの　（　）に　あてはまる　数を　書きましょう。

① 1L = ( ) mL

② 3L = ( ) dL

③ 50dL = ( ) L

④ 2L7dL = ( ) dL

⑤ 8dL = ( ) mL

2 つぎの　計算を　しましょう。

① 5L3dL + 2dL =

② 3L6dL − 2L =

③ 5L8dL + 3L1dL =

④ 6L7dL − 5dL =

⑤ 4L9dL + 4L =

3 ポットには　3L、なべには　5L4dLの　水が　入って　います。

①　水は　あわせて　どれだけですか。
しき

答え _____

②　水の　かさの　ちがいは　どれだけですか。
しき

答え _____

4 やさいジュースが　2L5dL　あります。

①　6dL　のむと、のこりは　どれだけですか。
しき

答え _____

②　1L7dL　つぎたすと、やさいジュースは　どれだけに　なりますか。
しき

答え _____

水の かさ

名前　　　　　　　　　月　　　日

1 つぎの 水の かさは どれだけですか。　（1もん5点／10点）

①

（　　　　　　　　）

②

（　　　　　　　　）

2 （ ）に あてはまる かさの たんいを 書きましょう。

（1もん10点／30点）

① ペットボトルの 水　　　2（　　　　　　）

② やかんの お茶　　　20（　　　　　　）

③ 牛にゅうパック　　　500（　　　　　　）

3 □に あてはまる 数を 書きましょう。　（1もん5点／20点）

① 1dL ます 3ばい分の 水の かさは □ dL です。

② 4L の 水の かさは 1L ます □ はい分です。

③ 1L5dL は 1dL ますで □ はい分です。

④ 500mL は □ dL です。

4 かさの 多い 方に ○を つけましょう。　（1もん5点／10点）

①
ア　900mL（　　）

イ　1L　　　（　　）

②
ア　600mL（　　）

イ　7dL　　（　　）

5 つぎの 計算を しましょう。　（1もん5点／20点）

①　4L2dL ＋ 5dL ＝

②　8L3dL － 3L ＝

③　2L9dL － 1dL ＝

④　7L7dL － 5L ＝

6 なぎさんの 水とうには 1L2dLの 水が 入ります。かえでさんの 水とうには 800mLの 水が 入ります。

どちらが どれだけ 多く 入りますか。　（しき・答え5点／10点）

しき

答え

三角形と 四角形

名前 _____ 月 ___ 日 ___

1 つぎの ⑦〜⑪の 中から 三角形と 四角形を 見つけて、記ごうを 書きましょう。 (1もん5点／10点)

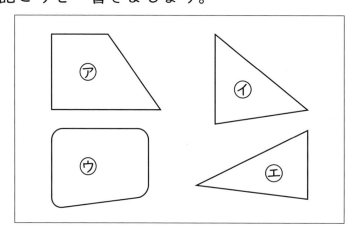

① 三角形
( )
( )

② 四角形
( )

ホップ **1** ステップ **3** へ!

2 ( )に あてはまる 名前を 書きましょう。 (1もん10点／20点)

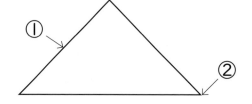

① ( )
② ( )

ホップ **2** へ!

3 □に あてはまる ことばを 書きましょう。 (1もん10点／20点)

① 三本の 直線で かこまれた 形を [ ] と
いいます。

② 直角の かどが ある 三角形を [ ] と
いいます。

ホップ **3** ステップ **1** **2** へ!

4 同じ　形を　かいて、できた　形の　名前を　書きましょう。

（図・名前5点／20点）

①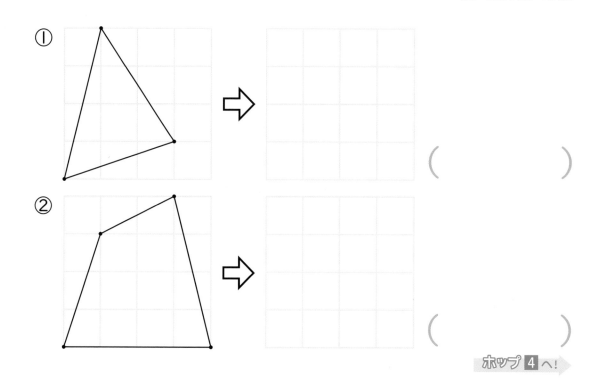

（　　　　　　）

②

（　　　　　　）

ホップ 4 へ!

5 つぎの　形を　かきましょう。

（1もん15点／30点）

① たて 3cm　よこ 4cm の
ちょうほうけい
長方形

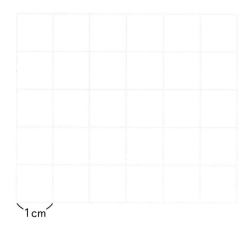

1cm

② 3cm の　へんと　5cm の
へんの　間に　直角の　かどが
ある　三角形

ステップ 4 5 へ!

点

がんばったね！

三角形と　四角形

名前　　　　　月　　　日

1　つぎの　㋐〜㋗の　中から　三角形と　四角形を　見つけて、記ごうを　書きましょう。

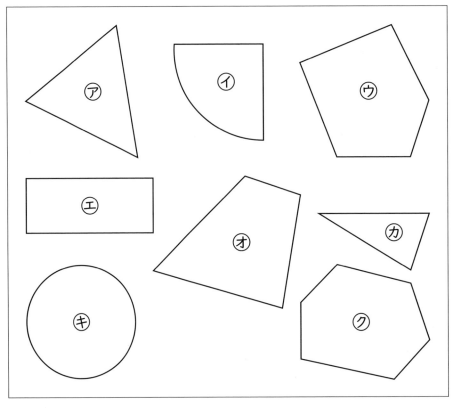

①　三角形　　　　　　　　　　②　四角形

（　　　）（　　　　）　（　　　　）（　　　　）

2　つぎの　☐の　中に　あてはまる　数を　書きましょう。

①　三角形には、へんと　ちょう点が　☐つずつ　あります。

②　四角形には、へんと　ちょう点が　☐つずつ　あります。

3 つぎのような 形を 何と いいますか。

① ４つの かどが ぜんぶ 直角に なって いる 四角形。

（　　　　　　　　　　　）

② 直角の かどが ある 三角形。

（　　　　　　　　　　　）

③ ４つの かどが ぜんぶ 直角で、４つの へんの 長さが
ぜんぶ 同じ 四角形。

（　　　　　　　　　　　）

4 直線で ・と ・を つないで、つぎの 形を かきましょう。

① 三角形　　　　　　　　　　② 四角形

ステップ

三角形と　四角形

1 つぎの　三角じょうぎの　直角の　かどは　どれですか。記ごうで　書きましょう。

①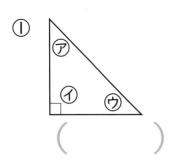

（　　　　　）

②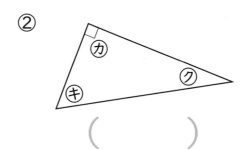

（　　　　　）

2 つぎの　図形を　見つけて、記ごうを　書きましょう。

① 正方形

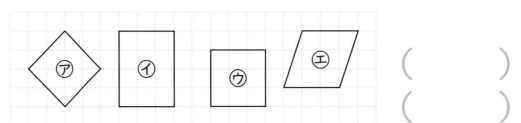

（　　　　　）

（　　　　　）

② 直角三角形

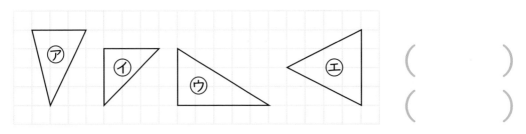

（　　　　　）

（　　　　　）

3 つぎの　中で、長方形の　形を　した　ものは　どれですか。

㋐ 黒ばん　　㋑ 10円玉　　㋒ トライアングル　（　　　　　）

4 右の 長方形で、㋐と ㋑の へんの 長さは それぞれ 何cmですか。

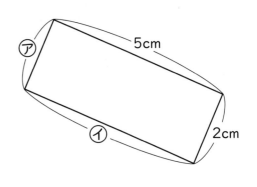

㋐ (   )

㋑ (   )

5 つぎの 形を 右の 方がんに かきましょう。

① 1つの へんの 長さが 4cmの 正方形

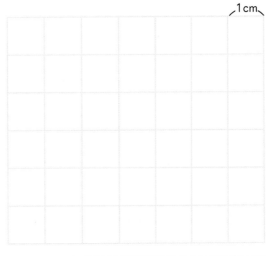

② 4cmの へんと 5cmの へんの 間に 直角の かどが ある 直角三角形

\ できた度 /
☆☆☆☆☆

― 65 ―

三角形と 四角形

名前 ＿＿＿＿＿＿＿＿ 月　　　日

1 つぎの ㋐〜㋕の 中から 長方形、正方形、直角三角形を
見つけて 記ごうを 書きましょう。

(1もん5点／15点)

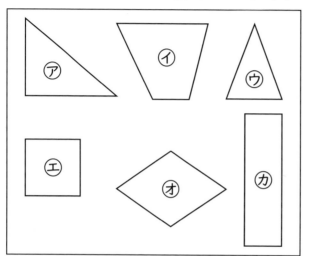

① 長方形

（　　　　　）

② 正方形

（　　　　　）

③ 直角三角形

（　　　　　）

2 （　）に あてはまる 名前を 書きましょう。　　(1もん10点／20点)

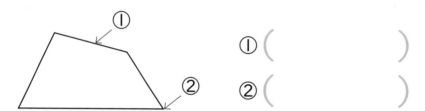

① （　　　　　　　）

② （　　　　　　　）

3 □に あてはまる ことばを 書きましょう。　　(1もん5点／15点)

① 4本の 直線で かこまれた 形は 　　　　　　　。

② 4つの かどが ぜんぶ 直角に なって いる 四角形を
　　　　　　　と いいます。

③ 4つの かどが ぜんぶ 直角で、4つの へんの 長さが
ぜんぶ 同じ 四角形を 　　　　　　　と いいます。

4 同じ 形を かいて、できた 形の 名前を 書きましょう。

（図・名前 5 点／20 点）

①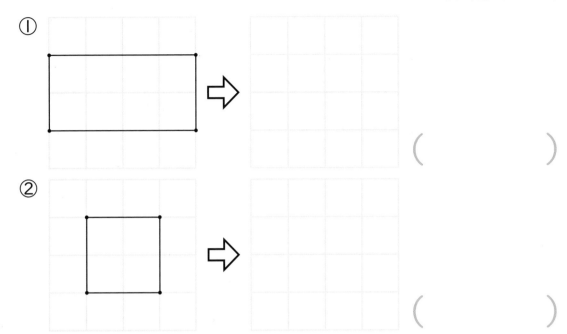

（　　　　　　）

②

（　　　　　　）

5 つぎの 形を かきましょう。

（1 もん 15 点／30 点）

① 1 つの へんが
5cm の 正方形

② 4cm の へんと 3cm の
へんの 間に 直角の か
どが ある 直角三角形

1cm

チェック

点

たしかめ

点

名前　　　月　　　日

1 3びきの　うさぎの　耳の　数を　もとめます。
□に　あてはまる　数を　書きましょう。(1もん5点／15点)

① しきは □ × □ です。

② 答えは □ ＋ □ ＋ □ の　計算で

もとめる　ことが　できます。

③ 2のだんでは　かける　数が　1　ふえると、答えは

□ ふえます。

ホップ 1 3 へ!

2 □に　あてはまる　数を　書きましょう。 (1もん5点／20点)

① 2 × 4 = 4 × □　　② 5 × 3 = □ × 5

③ 3 × 2 = □ × 3　　④ 4 × 5 = 5 × □

ホップ 3 ステップ 1 へ!

3 図を　見て、●の　数を　もとめる　かけ算の　しきを　書きましょう。 (1もん5点／15点)

① 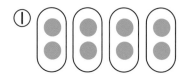　② 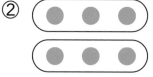　③

(　　　　　)　(　　　　　)　(　　　　　)

ホップ 1 へ!

4 つぎの　計算を　しましょう。 　　　　　　　（1もん3点／36点）

① 5 × 4 ＝　　　　　　② 3 × 6 ＝

③ 2 × 7 ＝　　　　　　④ 4 × 5 ＝

⑤ 6 × 4 ＝　　　　　　⑥ 5 × 5 ＝

⑦ 7 × 3 ＝　　　　　　⑧ 2 × 8 ＝

⑨ 5 × 6 ＝　　　　　　⑩ 4 × 7 ＝

⑪ 9 × 2 ＝　　　　　　⑫ 8 × 3 ＝

ホップ 2 4 ステップ 2 へ!

5 1はこに　4こ　入った　エクレアを　買います。3はこ　買う
と、エクレアは　ぜんぶで　何こに　なりますか。
　　　　　　　　　　　　　　　　　　　（しき3点・答え4点／7点）

しき

　　　　　　　　　　　　　　　　答え _____

ステップ 3 4 5 へ!

6 5cmの　7ばいの　長さは　何cmですか。　（しき3点・答え4点／7点）

しき

　　　　　　　　　　　　　　　　答え _____

ステップ 6 へ!

点

かけ算　九九

名前　　　　　月　　　日

1 つぎの　かけ算の　しきに　あう　絵は　どれですか。線で
つなぎましょう。

① 3 × 2　　　　　② 6 × 3　　　　　③ 5 × 4

　　　　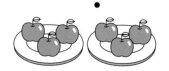

2 計算を　しましょう。

① 3 × 6 =　　　　　② 2 × 7 =

③ 5 × 7 =　　　　　④ 4 × 8 =

⑤ 4 × 7 =　　　　　⑥ 3 × 8 =

⑦ 2 × 8 =　　　　　⑧ 4 × 4 =

⑨ 5 × 3 =　　　　　⑩ 5 × 5 =

⑪ 4 × 6 =　　　　　⑫ 1 × 7 =

⑬ 3 × 9 =　　　　　⑭ 5 × 9 =

3 □に あてはまる 数を 書きましょう。

① $6 \times 8 = 6 \times 7 +$ ☐

② $7 \times 9 = 7 \times 8 +$ ☐

③ $4 \times 7 = 4 \times 8 -$ ☐

④ $8 \times 5 = 8 \times 6 -$ ☐

4 計算を しましょう。

① $6 \times 7 =$ ② $7 \times 4 =$

③ $9 \times 6 =$ ④ $8 \times 6 =$

⑤ $8 \times 7 =$ ⑥ $9 \times 6 =$

⑦ $7 \times 8 =$ ⑧ $9 \times 7 =$

⑨ $7 \times 5 =$ ⑩ $7 \times 7 =$

⑪ $6 \times 9 =$ ⑫ $6 \times 2 =$

⑬ $6 \times 3 =$ ⑭ $8 \times 8 =$

\できた度/
☆☆☆☆☆

かけ算　九九

名前　　　　　月　　　日

1 つぎの　答えに　なる　九九を　すべて　書きましょう。

① 12 （　　　　　　　　　）（　　　　　　　　　）
　　　　（　　　　　　　　　）（　　　　　　　　　）

② 36 （　　　　　　　　　）（　　　　　　　　　）
　　　　（　　　　　　　　　）

2 かけ算の　マス計算を　しましょう。

①

かけられる数＼かける数	3	5	1	7	9	2	8	4	6
4のだん	4								

②

かけられる数＼かける数	4	6	2	5	8	3	9	1	7
7のだん	7								

③

かけられる数＼かける数	2	6	5	3	8	1	7	9	4
9のだん	9								

3 ボート 1そうに 8人ずつ のって います。6そう あれば 何人 のれますか。

しき

答え _____

4 ストローが 6本ずつ 入った ふくろが 7つ あります。ストローは ぜんぶで 何本ですか。

しき

答え _____

5 1きゃくに 3人 すわれる 長イスが 7きゃく あります。ぜんぶで 何人 すわれますか。

しき

答え _____

6 赤い リボンは 7cmです。青い リボンは 赤い リボンの 4ばいです。青い リボンの 長さは 何cmですか。

しき

答え _____

＼できた度／
☆☆☆☆☆

かけ算　九九

名前　　　　　月　　　日

1 クワガタの　あしの　数を　もとめます。
□に　あてはまる　数を　書きましょう。

（1もん5点／15点）

① しきは □ × □ です。

② 答えは □ ＋ □ ＋ □ ＋ □ の　計算で　もとめ

る　ことが　できます。

③ 6のだんでは　かける　数が　1　ふえると、答えは

□ ふえます。

2 □に　あてはまる　数を　書きましょう。 （1もん5点／20点）

① 6 × 8 = 8 × □　　② 7 × 4 = □ × 7

③ 8 × 9 = □ × 8　　④ 9 × 7 = 7 × □

3 図を　見て、●の　数を　もとめる　かけ算の　しきを　書き
ましょう。

（1もん5点／15点）

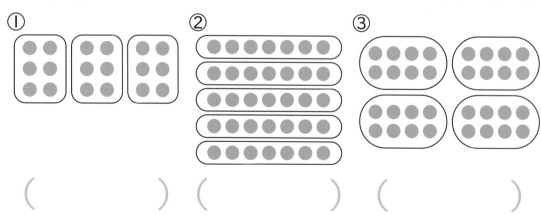

①　　　　　　　　　②　　　　　　　　　③

（　　　　　　　）（　　　　　　　）（　　　　　　　）

4 つぎの　計算を　しましょう。　　　　　　　　　　（1もん3点／36点）

①　7 × 7 ＝　　　　　　　　②　6 × 7 ＝

③　8 × 6 ＝　　　　　　　　④　8 × 7 ＝

⑤　3 × 9 ＝　　　　　　　　⑥　9 × 9 ＝

⑦　6 × 8 ＝　　　　　　　　⑧　4 × 8 ＝

⑨　9 × 8 ＝　　　　　　　　⑩　7 × 6 ＝

⑪　7 × 9 ＝　　　　　　　　⑫　6 × 9 ＝

5　1週間は　7日です。6週間は　何日ですか。（しき3点・答え4点／7点）

しき

答え

6　8こ入りの　キャラメルが　9はこ　あります。キャラメルは
ぜんぶで　何こ　ありますか。　　　　（しき3点・答え4点／7点）

しき

答え

チェック

点

たしかめ

点

1000 より 大きい 数

名前

月　　　日

1 つぎの お金は いくらか、数字で 書きましょう。

(1もん5点／10点)

①

（　　　　　　）円

②

（　　　　　　）円

ホップ **4 6** へ!

2 つぎの 数を 数字で 書きましょう。

(1もん5点／10点)

①　三千八百七十五　　　　②　六千九百二十一

（　　　　　　　　）（　　　　　　　　）

ホップ **2 3** へ!

3 □に 数字を 書きましょう。

(□1つ5点／30点)

①　4258 は　1000 を □ こ、100 を □ こ、

10 を □ こ、1 を □ こ あつめた 数です。

②　千のくらいが 8、百のくらいが 1、十のくらいが 3、

一のくらいが 7の 数は □ です。

③　2400 は 100 を □ こ あつめた 数です。

ホップ **1 5 7** へ!

4 つぎの 計算を しましょう。 (1もん5点／20点)

① 700 + 500 =   ② 600 + 800 =

③ 900 − 700 =   ④ 1000 − 200 =

ステップ **1** へ!

5 □に あてはまる ＞、＜を 書きましょう。 (1もん5点／10点)

① 6500 □ 5600   ② 9918 □ 9981

ステップ **2** へ!

6 つぎの 数の 線の □に 数を 書きましょう。(1もん5点／10点)

①

| 3000 | 3500 | □ | 4500 | 5000 | □ | 6000 |

②

| 7100 | □ | 7300 | 7400 | □ | 7600 | 7700 |

ステップ **3** **4** へ!

7 あおいさんは 800円、妹は 700円 もって います。あわせて 何円に なりますか。 (しき・答え5点／10点)

しき

答え _____

ステップ **5** **6** へ!

点

がんばったね!

1 2034 の　千のくらい、百のくらいの　数字は、それぞれ　何ですか。

　　千のくらい（　　　　　）　　　　百のくらい（　　　　　）

2 つぎの　数字を　かん字で　書きましょう。

① 1257 （　　　　　　　　　）

② 6430 （　　　　　　　　　）

③ 2905 （　　　　　　　　　）

④ 8001 （　　　　　　　　　）

3 つぎの　数を　数字で　書きましょう。

① 二千五百六十四　② 九千八百六十　③ 五千四十七

（　　　　　）　　（　　　　　）　　（　　　　　）

4 つぎの　数を　数字で　書きましょう。

① 1000 を　4 こ、100 を　6 こ、10 を　2 こ、1 を　3 こ
あわせた　数。

（　　　　　　　　）

② 1000 を　5 こ、10 を　7 こ、1 を　4 こ　あわせた　数。

（　　　　　　　　）

5 □に あてはまる 数を 書きましょう。

① 4037 は 1000 を □ こ、10 を □ こ、1 を □ こ あわせた 数です。

② 1905 は 1000 を □ こ、100 を □ こ、1 を □ こ あわせた 数です。

③ 7080 は □ を 7 こ、□ を 8 こ あわせた 数です。

6 100 を 23 こ あつめた 数を 考えます。□の 中に あてはまる 数を 書きましょう。

100 が 20 こで □ 、100 が 3 こで

□ だから、100 が 23 で □

に なります。

7 つぎの 数は 100 を 何こ あつめた 数ですか。

① 600 （　　　　　） ② 4000 （　　　　　）

② 3700 （　　　　　） ④ 5900 （　　　　　）

\ できた度 /
☆☆☆☆☆

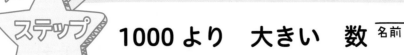

1000より　大きい　数 ^{名前}

1 つぎの　計算を　しましょう。

① 400 ＋ 700 ＝　　　　　　② 600 ＋ 900 ＝

③ 800 － 300 ＝　　　　　　④ 1000 － 200 ＝

2 □に　あてはまる　＞、＜を　書きましょう。

① 4937 □ 5000　　　　② 7028 □ 7031

3 つぎの　数の　線を　見て、答えましょう。

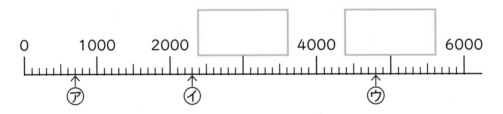

① いちばん　小さい　1めもりは　いくつですか。

（　　　　　　　）

② 線上の　□に　あてはまる　数を　書きましょう。

③ ⑦、⑦、⑦の　めもりが　あらわす　数は　いくつですか。

⑦（　　　　　）　　⑦（　　　　　）　　⑦（　　　　　）

4 □に あてはまる 数を 書きましょう。

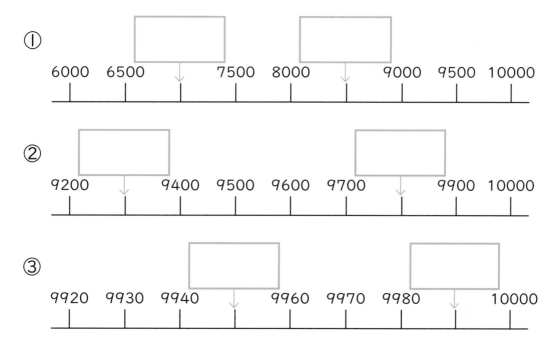

①
6000　6500　　7500　8000　　9000　9500　10000

②
9200　　9400　9500　9600　9700　　9900　10000

③
9920　9930　9940　　9960　9970　9980　　10000

5　はるきさんは きのう 本を 300ページまで 読みました。あと 100ページで 読み終わります。この本は 何ページ ありますか。

しき

　　　　　　　　　　　　　　　答え _____

6　じゅりさんは 300円 もって います。お姉さんは 1000円 もって います。お姉さんは じゅりさんより 何円 多く もって いますか。

しき

　　　　　　　　　　　　　　　答え _____

\ できた度 /
☆ ☆ ☆ ☆ ☆

1000 より 大きい 数

名前

月　日

1 つぎの　お金は　いくらか、数字で　書きましょう。

(1もん5点／10点)

① （　　　　　）円

② （　　　　　）円

2 つぎの　数を　数字で　書きましょう。

(1もん5点／10点)

① 七千八百二十　　　　　② 五千九

（　　　　　　）（　　　　　　　　）

3 □に　数字を　書きましょう。

(□1つ5点／30点)

① 7406 は、1000 を [　] こ、100 を [　] こ、1 を

[　] こ　あつめた　数です。

② 100 が 52 こで [　　　　　　] です。

③ 1000 より 10 小さい 数は [　　　　　] です。

④ 4600 は 10 を [　　　　　] こ　あつめた　数です。

4 つぎの 計算を しましょう。 （1もん5点／20点）

① 400 ＋ 900 ＝　　　　　② 700 ＋ 700 ＝

③ 800 － 300 ＝　　　　　④ 1000 － 600 ＝

5 □に あてはまる ＞、＜を 書きましょう。 （1もん5点／10点）

① 7896 □ 8000　　　　② 4039 □ 4071

6 つぎの 数の 線の □に 数を 書きましょう。（1もん5点／10点）

①
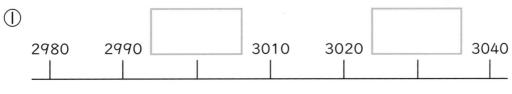

②

7 りょうまさんは 1000円 もって います。おかしやさんで 300円 つかいました。のこりは いくらですか。
（しき・答え5点／10点）

しき

答え _____

チェック
点

たしかめ
点

月　　日
名前

---

1 つぎの 長さを 書きましょう。　　　　　（1もん 10点／20点）

① 1mの ものさし 2つ分と 49cmの 長さ。

（　　　　　　　　　　　　　）

② 1mの ものさし 4つ分と 5cmの 長さ。

（　　　　　　　　　　　　　）

ホップ 1 3 4 へ!

---

2 テープの 長さを 書きましょう。　　　　　（1もん 5点／10点）

①
1m　1m

　　　　m

②
1m　1m　1m　40cm

　　　m　　　　cm

ホップ 2 4 へ!

---

3 （　）に 長さの たんいを 書きましょう。　（1もん 5点／20点）

① プールの ふかさ　　　　　　1（　　　　）

② れいぞうこの はば　　　　　56（　　　　）

③ 教科書の あつさ　　　　　　5（　　　　）

④ けいじばんの よこの 長さ　　3（　　　　）

ステップ 1 5 へ!

4 □に あてはまる 数や ことばを 書きましょう。(1もん5点／15点)

① 1cm が 100こ あつまった 長さは 1 [　　　] です。

② 1m の [　] つ分の 長さは 4m です。

③ 3m56cm は [　　　　] cm です。

ホップ 3 ステップ 2 へ!

5 つぎの 長さを 計算しましょう。 (1もん5点／20点)

① 2m40cm + 3m =

② 6m80cm − 4m =

③ 1m22cm + 34cm =

④ 9m54cm − 43cm =

ステップ 3 へ!

6 たいとさんは プールで およぎました。1回目は 14m、2回目は 18m およぎました。あわせて 何m およぎましたか。
(しき5点・答え10点／15点)

しき

答え [　　　　　]

ホップ 1 ステップ 4 へ!

点

月　　日
名前＿＿＿＿＿＿＿

1　□に　あてはまる　数を　書きましょう。

① 1m は　1cm が □ こ　あつまった　数です。

② 1m の　5つ分の　長さは □ m です。

③ 1m より　30cm　長い　長さは □ m □ cm です。

④ 1m より　20cm　みじかい　長さは □ cm です。

⑤ 1m60cm は　1m が □ cm だから、

□ と　60 を　あわせて □ cm

です。

2　つぎの　長さは　いくつですか。

①

1m　　1m　　60cm
□ m □ cm

②
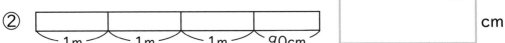
1m　　1m　　1m　　90cm
□ cm

— 86 —

3 □に あてはまる 数を 書きましょう。

① 2m = ☐ cm

② 500cm = ☐ m

③ 4m20cm = ☐ cm

④ 570cm = ☐ m ☐ cm

⑤ 1m3cm = ☐ cm

⑥ 709cm = ☐ m ☐ cm

4 つぎの 長さは ㋐何 m 何 cm ですか。また、それは ㋑何 cm ですか。

① 1m の ものさし 3つ分と 20cm の 長さ。

㋐ ☐ m ☐ cm ㋑ ☐ cm

② 1m の ものさし 5つ分と 3cm の 長さ。

㋐ ☐ m ☐ cm ㋑ ☐ cm

\できた度/
☆☆☆☆☆

1 ( )に あてはまる 長さの たんいを 書きましょう。

① ふでばこの たての 長さ   18 (　　　　　)

② 1か月で のびた つめの 長さ   3 (　　　　　)

③ 3かいだての 校しゃの 高さ   9 (　　　　　)

2 □に あてはまる 数を 書きましょう。

① 700cm = [　　] m

② 190cm = [　　] m [　　　　] cm

③ 406cm = [　　] m [　　] cm

④ 5m40cm = [　　　　　] cm

⑤ 3m9cm = [　　　　　] cm

⑥ 10m = [　　　　　] cm

3 つぎの 長さを 計算しましょう。

① 3m15cm + 2m30cm ＝

② 7m40cm + 50cm ＝

③ 6m80cm － 4m30cm ＝

④ 11m － 20cm ＝

⑤ 1m － 60cm ＝

4 ゆきさんの せの 高さは 1m25cm です。お姉さんは ゆきさんより 15cm 高いそうです。お姉さんの せの 高さは どれだけですか。

しき

答え _____

5 つぎの 長さは、1m ものさしと 30cm ものさしの どちらを つかうと はかりやすいですか。

① おはしの 長さ

（　　　　　　　　　　　）

② 教室の よこの 長さ

（　　　　　　　　　　　）

長さ②

1 つぎの 長さを 書きましょう。　　　　(1もん10点／20点)

① 1mの ものさし 9こ分と 98cmの 長さ

（　　　　　　　　　　　）

② 1mの ものさし 12こ分と 7cmの 長さ

（　　　　　　　　　　　）

2 テープの 長さを 書きましょう。　　　　(1もん5点／10点)

① ⌣1m⌣ ⌣80cm⌣　　　　[　　　] m [　　　] cm

② ⌣1m⌣ ⌣1m⌣ 20cm　　[　　　] m [　　　] cm

3 （　）に 長さの たんいを 書きましょう。　　(1もん5点／20点)

① 教室の よこの 長さ　　　　7（　　　　）

② ノートの あつさ　　　　　　3（　　　　）

③ プールの たての 長さ　　　25（　　　　）

④ 新しい えんぴつの 長さ　　16（　　　　）

4 □に あてはまる 数や たんいを 書きましょう。(1もん5点／15点)

① 1cm が 200こ あつまった 長さは 2 [____] です。

② 1m の 25こ分の 長さは [____] m です。

③ 695cm は [____] m [____] cm です。

5 つぎの 長さを 計算しましょう。　　　　(1もん5点／20点)

① 1m45cm ＋ 9m ＝

② 7m72cm － 5m ＝

③ 4m8cm ＋ 92cm ＝

④ 6m50cm － 27cm ＝

6 8m50cm の リボンが あります。工作で 4m35cm つかいました。あと どれだけ のこって いますか。

(しき5点・答え10点／15点)

しき

答え _____

チェック
点

たしかめ
点

月　日
名前

1 リンゴが　12こ　あります。何こか　買ってきたので、ぜんぶで　27こに　なりました。買ってきた　リンゴは　何こですか。

① 買ってきた　リンゴの　数を　□と　して、上の　お話の　とおりに　場めんを　図に　あらわしました。㋐〜㋒の　どの　図が　正しいですか。

(20点)

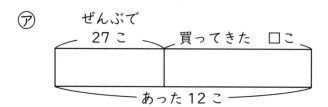

㋐

ぜんぶで
27こ　　　買ってきた　□こ
あった12こ

㋑

あった12こ　　買ってきた　□こ
ぜんぶで　27こ

㋒

あった12こ　　ぜんぶで　27こ
買ってきた　□こ

（　　　　　）

② 買ってきた　リンゴの　数を　もとめましょう。

（しき10点・答え20点／30点）

しき

答え

ホップ **1** へ!

2 でん線に スズメが 何羽か とまって いました。12わ と んでいくと、のこりは 19羽に なりました。スズメは はじめ 何羽 いましたか。

　　つぎの （　）に あてはまる 数を 書きましょう。(1つ5点／30点)

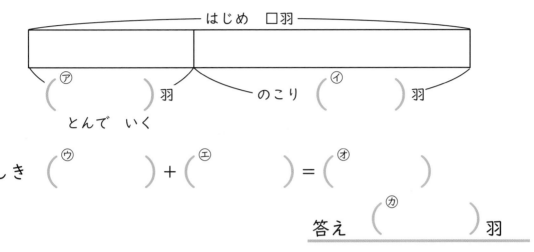

しき $\left(\overset{ウ}{}\right) + \left(\overset{エ}{}\right) = \left(\overset{オ}{}\right)$

答え $\left(\overset{カ}{}\right)$ 羽

ホップ 2 3 へ!

3 公園に 何人か います。あとから 7人 来たので、みんな で 25人に なりました。はじめに いたのは 何人ですか。

(しき・答え10点／20点)

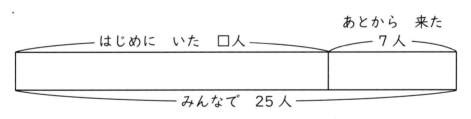

しき

答え

ステップ 1 2 へ!

点

図を　つかって　考える

名前　　　　　　　　　月　　　日

1 （　）に　あてはまる　ことばを　┌┈┐から　えらんで、記ごうで　書きましょう。

(1)　ひまわり広場で　はじめに　8人　あそんで　いました。あとから　6人　来ました。みんなで　14人に　なりました。

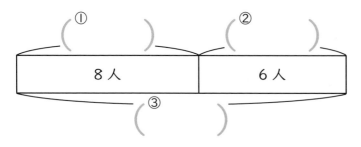

┌┈┈┈┈┈┈┈┈┈┈┈┈┈┈┈┈┈┈┈┈┈┈┈┈┈┈┈┈┐
⑦　あとから　来た　人　　　⑦　みんな　　　⑦　はじめに　いた　人
└┈┈┈┈┈┈┈┈┈┈┈┈┈┈┈┈┈┈┈┈┈┈┈┈┈┈┈┈┘

(2)　おかしやさんに　買いものに　行きました。35円の　ガムと　62円の　チョコレートを　買いました。

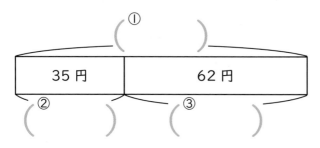

┌┈┈┈┈┈┈┈┈┈┈┈┈┈┈┈┈┈┈┈┈┈┈┈┈┈┈┈┈┐
⑦　だい金　　　⑦　チョコレートの　ねだん　　　⑦　ガムの　ねだん
└┈┈┈┈┈┈┈┈┈┈┈┈┈┈┈┈┈┈┈┈┈┈┈┈┈┈┈┈┘

2 あずきさんは クッキーを 8まい 食べました。妹は 6まい 食べました。2人で 何まい 食べましたか。

（　）に 数を 書いてから もとめましょう。

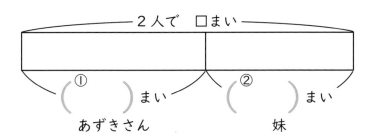

しき

答え _____

3 ゆきさんは 本を きのうまでに 32ページ 読みました。きょう 読んだのは 21ページでした。ぜんぶで 何ページ 読みましたか。

（　）に 数を 書いてから もとめましょう。

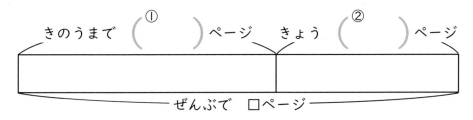

しき

答え _____

ステップ　図を　つかって　考える

1 わからない　数を　□と　書き、つぎの　もんだいを　図に
あらわしてから　もとめましょう。

(1) まやさんは　94ページの　本を　きのうまでに　56ページ
読みました。あと　何ページ　のこって　いますか。

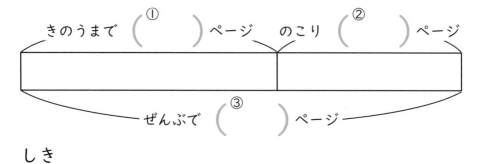

きのうまで（ ① ）ページ　　のこり（ ② ）ページ

ぜんぶで（ ③ ）ページ

しき

答え _____

(2) リボンが　23m　ありました。何mか　つかったら、のこり
は　7mに　なりました。つかった　リボンは　何mですか。

はじめに　あった（ ① ）m

つかった（ ② ）m　　のこり（ ③ ）m

しき

答え _____

2 ひよりさんが つぎの もんだいを 考えています。

くだものやさんに キウイが いくつか あります。14こ 売れたので、のこりは 27こに なりました。
　キウイは はじめに いくつ ありましたか。

```
┌─────── はじめに あった □こ ───────┐
│            │                        │
└ 売れた 14こ ┴───── のこり 27こ ─────┘
```

(1) ひよりさんは 答えの もとめ方を せつ明して います。
（　）に あてはまる ことばを ⌐から えらんで 書きましょう。

　もとめるのは（①　　）キウイの 数です。

　図を 見ると、それは（②　　）と、（③　　）の 合計だから、（④　　）に なります。

```
┌──────────────────────────────────────┐
│ ㋐ のこりの 数　 ㋑ ひき算　 ㋒ 売れた 数 │
│ ㋓ たし算　　 ㋔ はじめに あった        │
└──────────────────────────────────────┘
```

(2) はじめに あった キウイの 数を もとめましょう。
　しき

答え _____

\ できた度 /
☆☆☆☆☆

— 97 —

月　日
名前

1 かごの 中に カキが 何こか ありました。なぎささんが
11こ 入れたので、ぜんぶで 30こに なりました。はじめは
何こ 入って いましたか。

① はじめに 入って いた カキの 数を □と 書き、上の
お話の とおりに 場めんを 図に あらわしました。
　⑦〜⑤の どの 図が 正しいですか。　　　　　　　　　(20点)

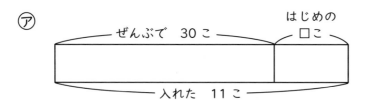

⑦ ──ぜんぶで 30こ──　はじめの □こ
──入れた 11こ──

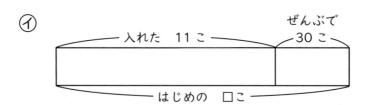

① ──入れた 11こ──　ぜんぶで 30こ
──はじめの □こ──

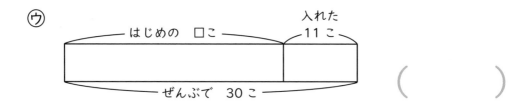

⑤ ──はじめの □こ──　入れた 11こ
──ぜんぶで 30こ──

(　　　)

② はじめに 入って いた カキの 数を もとめましょう。
　　　　　　　　　　　　(しき 10点・答え 20点／30点)

しき

こた
答え

2 　学きゅう文この　本が　52さつ　あります。何さつか　買った^か
ので、ぜんぶで　71さつに　なりました。買った　本は　何さつ
ですか。
　　（　　）に　あてはまる　数を　書きましょう。　　　　（1つ5点／30点）

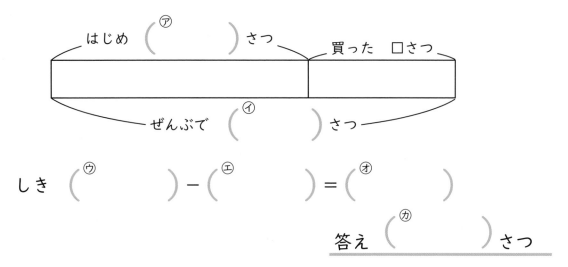

はじめ（^ア　　　）さつ　　買った　□さつ
ぜんぶで（^イ　　　）さつ

しき（^ウ　　　）−（^エ　　　）＝（^オ　　　）

答え（^カ　　　）さつ

3 　りょうとさんは　何円か　もって、買いものに　行きました。
84円　つかったので、のこりは　67円に　なりました。はじめ
に　何円　もって　いましたか。　　　　　　　（しき・答え10点／20点）

はじめに　もって　いた　□円
つかった　84円　　のこりの　67円

しき

答え

チェック
点

たしかめ
点

1 もとの 大きさの $\frac{1}{2}$ を 2つ えらんで 記ごうを 書きましょう。

（（　）1つ10点／20点）

もとの 大きさ

（　　　　　）（　　　　　）

ホップ **1** **2** **3** へ!

2 もとの 大きさの $\frac{1}{3}$、$\frac{1}{4}$ を それぞれ えらんで 記ごうを 書きましょう。

（（　）1つ15点／30点）

もとの 大きさ

$\frac{1}{3}$（　　　　）　　$\frac{1}{4}$（　　　　）

ホップ **2** **5** ステップ **1** へ!

3 つぎの テープを $\frac{1}{2}$ の 長さと $\frac{1}{6}$ の 長さに 色を ぬりましょう。

（1つ5点／10点）

$\frac{1}{2}$

$\frac{1}{6}$

ホップ **5** へ!

4 ①、②の テープは それぞれ もとの 大きさの 何分の一
ですか。

（1もん5点／10点）

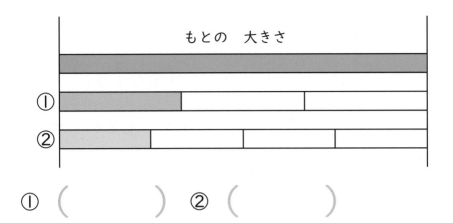

もとの 大きさ

① （   ） ② （   ）

ステップ 1 へ!

5 ⑦〜⑨の テープの 長さを くらべます。

（1もん10点／30点）

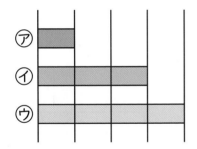

① ⑨の 長さは ⑦の 長さの 何ばいですか。

（   ）

② ⑦の 長さは ⑨の 長さの 何分の一ですか。

（   ）

ホップ 4 ステップ 3 4 へ!

点

がんばったね!

分数

1 □に あてはまる 数や ことばを 書きましょう。

2つの 同じ 大きさに 分けた 1つ分を、もとの 大きさの

□分の □ と いい、□ と 書きあらわします。

$\dfrac{1}{2}$や $\dfrac{1}{4}$のように 書きあらわした 数を □ と い

います。

2 もとの 大きさの $\dfrac{1}{2}$、$\dfrac{1}{3}$、$\dfrac{1}{4}$、$\dfrac{1}{8}$に なって いる

ものを 線で つなぎましょう。

① $\dfrac{1}{2}$ •

② $\dfrac{1}{3}$ •

③ $\dfrac{1}{4}$ •

④ $\dfrac{1}{8}$ •

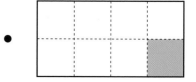

3 もとの 大きさの $\frac{1}{2}$ だけ 色を ぬりましょう。

① 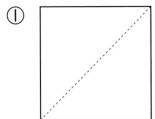　　　　②

4 長さの ちがう 2つの テープを ならべました。

㋐ 　

㋑ 　

① ㋑の 長さは ㋐の テープの 何ばいですか。

　　(　　　　　　　　　)

② ㋐の 長さは ㋑の テープの 何分の一ですか。

　　(　　　　　　　　　)

5 つぎの テープを $\frac{1}{3}$ の 長さと $\frac{1}{4}$ の 長さに 色を ぬりましょう。

$\frac{1}{3}$ 　

$\frac{1}{4}$ 　

\ できた度 /
☆☆☆☆☆

分数

名前　　　　　　　月　　　日

1 もとの 大きさの $\frac{1}{4}$ の ものに ○を つけましょう。

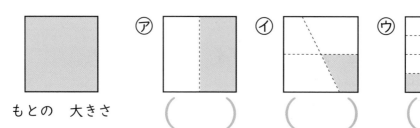

もとの 大きさ　　⑦（　　　）　　⑦（　　　）　　⑦（　　　）

2 ①～④の テープは それぞれ もとの 大きさの 何分の一ですか。

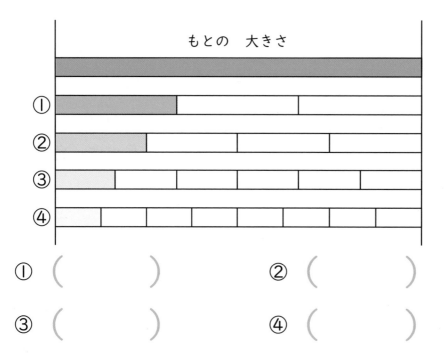

もとの 大きさ

① （　　　　　　）　　　　② （　　　　　　）

③ （　　　　　　）　　　　④ （　　　　　　）

3 つぎの もんだいに 答えましょう。

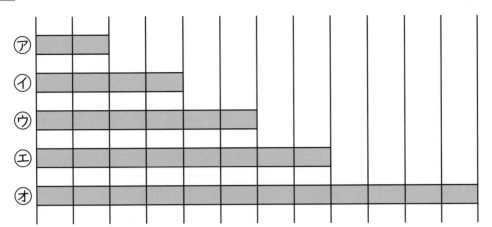

① ④の 2ばいに なって いるのは どれですか。

(　)

② ⑦の $\frac{1}{3}$ に なって いるのは どれですか。

(　)

4 ⑦は ある テープを 4つに 分けた 1つ分で、もとの 長さの $\frac{1}{4}$ です。もとの 長さの テープは ④、⑦の どちら ですか。

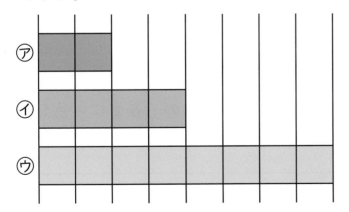

(　)

たしかめ　分数

名前　　　　　　月　　　日

1 もとの　大きさの　$\frac{1}{3}$ を　2つ　えらんで　記ごうを　書きましょう。

(（ ）1つ15点／30点)

もとの　大きさ

（　　　）（　　　）

2 もとの　大きさの　$\frac{1}{2}$ を　えらんで　記ごうを　書きましょう。

(20点)

もとの　大きさ

（　　　）

5 つぎの　テープを　$\frac{1}{4}$ の　長さと　$\frac{1}{8}$ の　長さに　色を　ぬりましょう。

(1つ5点／10点)

$\frac{1}{4}$

$\frac{1}{8}$

4 ①、②の テープは それぞれ もとの 大きさの 何分の一^{なんぶん}
ですか。　　　　　　　　　　　　　　　　　　（1もん5点／10点）

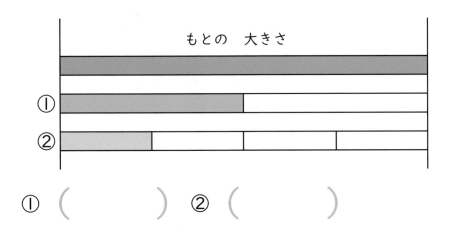

① （　　　　　）　② （　　　　　）

5 つぎの もんだいに 答^{こた}えましょう。　　　　（1もん15点／30点）

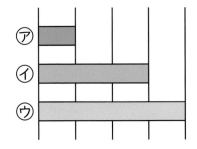

① ⑦の 長さは ⑦の 長さの 何ばいですか。

（　　　　　　　　）

② ⑦の 長さは ⑦の 長さの 何分の一ですか。

（　　　　　　　　）

1 □に　あてはまる　ことばや　数を　書きましょう。

（□1つ10点／60点）

はこの　形で　たいらな　ところ⑦を

①□　と　いいます。

はこの　形の　へり④を　②□

と　いい、かどの　とがった　ところ⑤を

③□

と　いいます。

はこの　形には　面が　④□　つ、へんが　⑤□　本、

ちょう点が　⑥□　つ　あります。

ホップ 1 2 3 へ!

2 ┌┈┐の　図は　はこの　面の　形を　うつしとった　ものです。
⑦～⑦の　どの　はこの　面を　うつしとった　ものですか。（10点）

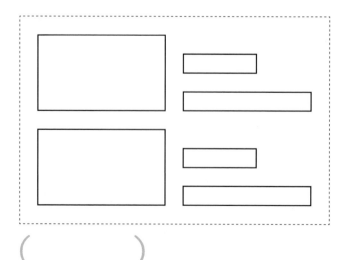

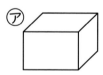

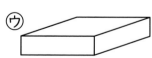

（　　　　　　　）

ステップ 3 へ!

3 つぎの 形を 組み立てると、どの はこが できますか。○
を つけましょう。 （1もん10点／20点）

①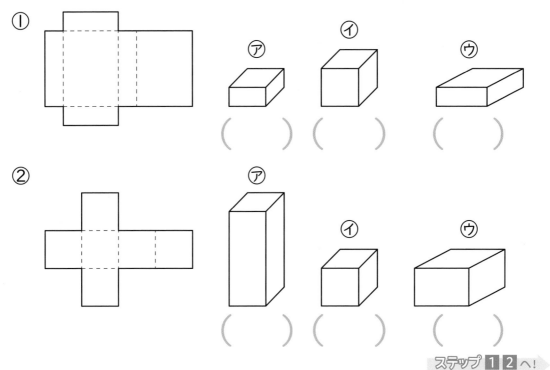

②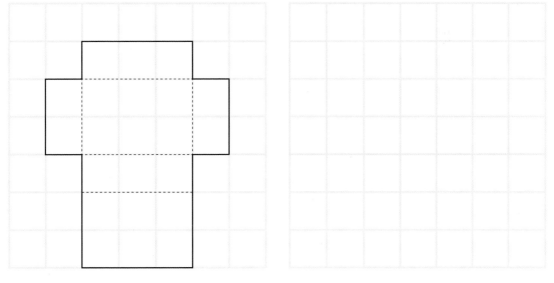

ステップ 1 2 へ!

4 左は はこを ひらいた 形です。右に かきうつしましょう。
（10点）

はこの 形

月 日

名前

1 （ ）に あてはまる ことばを 書^かきましょう。

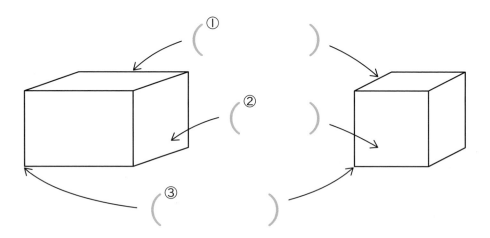

（① ）

（② ）

（③ ）

2 つぎの 図^ずは ある はこの 面^{めん}の 形^{かたち}を うつしとった ものです。□に あてはまる ことばや 数^{かず}を 書きましょう。

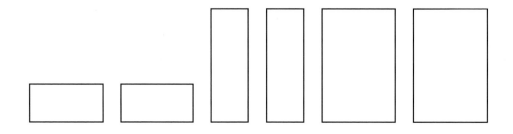

① 面の 形は ☐ です。

② 面は ぜんぶで ☐ つ あります。

③ 同^{おな}じ 形の 面は ☐ つずつ あります。

3 ひごと ねん土玉を つかって、
右の はこの 形を 作りました。
図を 見て 答えましょう。

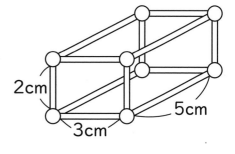

① それぞれの 長さの ひごは
   何本ずつ ありますか。

   2cm （   ）本　　3cm （   ）本　　5cm （   ）本

② ねん土玉は 何こ ありますか。

   （   ）こ

③ ひごの ところを 何と いいますか。

   （   ）

④ ねん土玉の ところを 何と いいますか。

   （   ）

⑤ 4本の ひごで かこまれた ところを 何と いいますか。

   （   ）

4 はこの 形に なるのは ㋐、㋑の どちらですか。

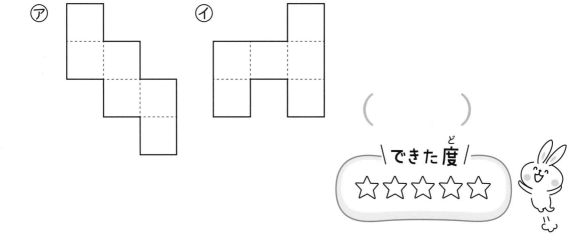

㋐   ㋑

（   ）

＼できた度／
☆☆☆☆☆

－ 111 －

はこの 形

1 つぎの 形を 組み立てると どちらの はこに なりますか。
○を つけましょう。

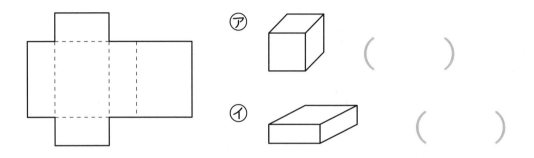

　　　　　　　　　　　　　　　ア　（　　　　）

　　　　　　　　　　　　　　　イ　（　　　　）

2 つぎの 形を 組み立てると どの はこに なりますか。○
を つけましょう。

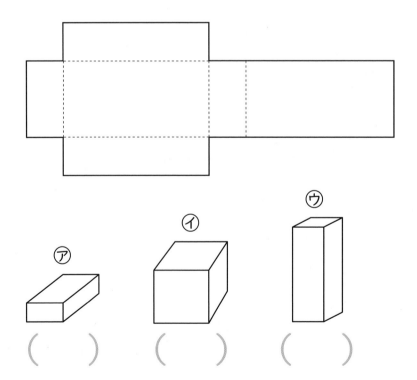

ア　（　　　　）　　　イ　（　　　　）　　　ウ　（　　　　）

3 ①、②のような はこの 形を 作ります。㋐～㋖の どの 四角形を いくつずつ つかいますか。記ごうと その 数を 書きましょう。

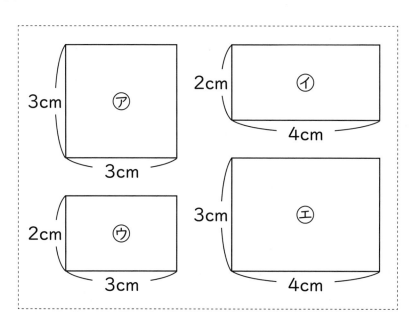

①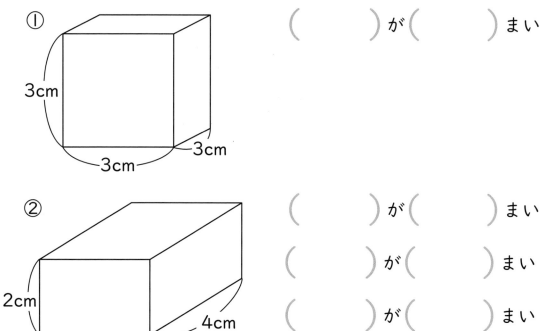

（　　　）が（　　　）まい

②

（　　　）が（　　　）まい

（　　　）が（　　　）まい

（　　　）が（　　　）まい

\ できた度 /
☆☆☆☆☆

1 □に あてはまる ことばや 数を 書きましょう。

（□1つ10点／60点）

はこの 形には 面が ①□ つ、へんが ②□ 本、

ちょう点が ③□ つ あります。

面の 形は ④□ か ⑤□ を して

いて むかいあう 面の 形と 大きさは ⑥□ です。

2 ［□］の 図は はこの 面の 形を うつしとった ものです。
㋐〜㋒の どの はこの 面を うつしとった ものですか。（10点）

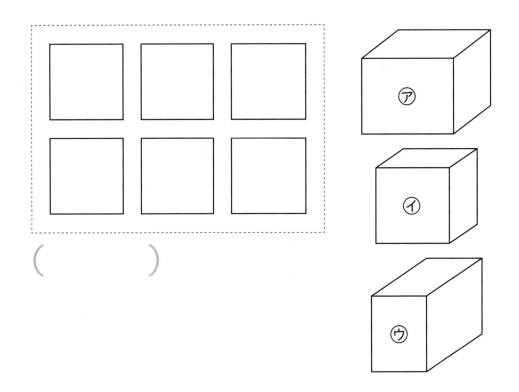

（　　　　　）

3 つぎの 形を 組み立てると どの はこが できますか。○
を つけましょう。 （1もん10点／20点）

①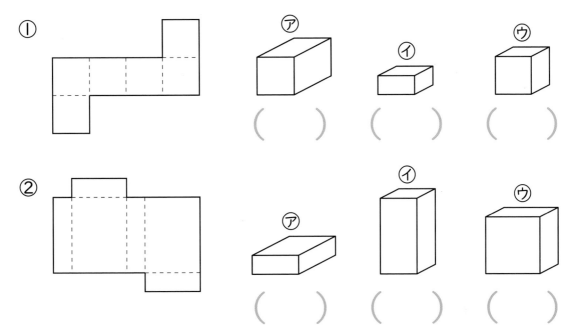

②

4 左は はこを ひらいた 形です。右に かきうつしましょう。
（10点）

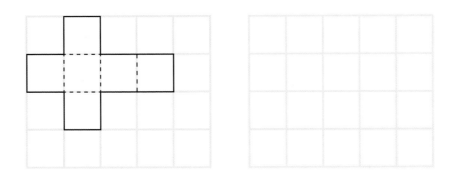

チェック 点

たしかめ 点

ひょうと　グラフ

★　ひろとさんの　クラスで　いちばん　すきな　教科を　聞いて、グラフに　あらわしました。

①　いちばん　多い　教科は　どれですか。

（　　　　　　　　　）

②　同じ　人数なのは、どれと　どれですか。

（　　　　　　）と（　　　　　　）

③　算数が　すきな　人は　国語より　多く、図工より　少ないそうです。算数が　すきな　人は　何人ですか。

（　　　　　　　　　）

国語	算数	生活	図工	体いく	音楽
				○	
			○	○	
			○	○	
○			○	○	
○		○	○	○	○
○		○	○	○	○
○		○	○	○	○

④　ひろとさんの　クラスは　みんなで　何人　いますか。

（　　　　　　　　　）

\ できた度 /
☆☆☆☆☆

時こくと　時間

名前　　　　　　　　　　　月　　　日

★　２年生が　えん足に　行きました。

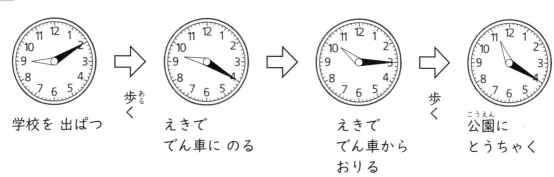

学校を　出ぱつ　　歩く　　えきで　　　　　えきで　　　　　歩く　　公園に
　　　　　　　　　　　　　　でん車に　のる　　でん車から　　　　　　とうちゃく
　　　　　　　　　　　　　　　　　　　　　　おりる

①　でん車に　のった　時こくを　書きましょう。

（　　　　　　　　　　　　　　）

②　でん車に　のって　いた　時間は　どれだけですか。

（　　　　　　　　　　　　　　）

③　学校を　出ぱつしてから　公園に　つくまでの　時間は　ど
れだけですか。

（　　　　　　　　　　　　　　）

④　学校から　公園まで　歩いた　時間は　ぜんぶで　どれだけ
ですか。

（　　　　　　　　　　　　　　）

\できた度/

☆☆☆☆☆

たし算と ひき算

名前 _____ 月 ___ 日 ___

★ 1～9までの カードが 1まいずつ あります。

| 1 | 2 | 3 | 4 | 5 | 6 | 7 | 8 | 9 |

この中から 6まいを えらんで、
右のような ひっ算を 作ります。
つぎの ひっ算が 正しく なるよ
うに □に 数を 書きましょう。

```
    4  1
+   5  6
────────
    9  7
```

①
```
       □  4
+      □  □
────────────
    6  7
```

②
```
    5  □
-   □  □
────────────
    3  8
```

③
```
       □  7
-      □  □
────────────
    1  2
```

＼できた度／

☆☆☆☆☆

— 118 —

長さ

名前　　　　　月　　　日

1 長さが　8cm9mm の　青えんぴつと、91mm の　赤えんぴつ
の　長さを　くらべます。

①　青えんぴつの　長さは　何mm ですか。

（　　　　　　　　　　　）

②　どちらが　どれだけ　長いですか。

しき

答え

2 長さが　14cm6mm の　黄色の　リボンと、12cm9mm の　み
どり色の　リボンが　あります。

①　2つの　リボンを　つないだ　長さは　どれだけですか。
しき

答え

②　どちらが　どれだけ　長いですか。
しき

答え

できた度

☆☆☆☆☆

大きい　数

名前　　　　　　　月　　　日

★　ようへいさんと　みさきさんは、0から　9までの　カードを
それぞれ　1まいずつ　もって　います。3まいの　カードを　な
らべて、3けたの　数の　大きさくらべを　します。

① 　ようへいさんが　かつのは　一のくらいが　いくつの　とき
ですか。すべて　書きましょう。

| 6 | 5 | ? |
ようへいさん

| 6 | 5 | 4 |
みさきさん

(　　　　　　　　　　　　　　　　　　　)

② 　みさきさんが　かつのは　十のくらいが　いくつの　ときで
すか。すべて　書きましょう。

| 7 | 6 | 5 |
ようへいさん

| 7 | ? | 2 |
みさきさん

(　　　　　　　　　　　　　　　　　　　)

＼できた度／
☆☆☆☆☆

大きい 数の たし算と ひき算

名前 ＿＿＿＿＿＿＿　月　　日

1 つぎの 計算で □に あてはまる 数を 書きましょう。

①
```
   6 3
 + 2 □
 ─────
   9 2
```

②
```
   1 □ 7
 −   4 5
 ───────
     6 2
```

③
```
     □ 2
 + 1 2 9
 ───────
   2 0 1
```

④
```
   5 □ 3
 −     8
 ───────
   4 9 5
```

2 しきの □に あてはまる 数は どれですか。2つ えらんで ( )に 記ごうを 書きましょう。

72 ＋ □ ＞ 100

| ㋐ 18 | ㋑ 30 | ㋒ 28 |
| ㋓ 24 | ㋔ 36 | |

(　　　) (　　　)

3 ㋐、㋑に 入る 数字を 2通り 書きましょう。

10 ㋐ − 9 ㋑ = 2

・㋐ (　　　)　㋑ (　　　)

・㋐ (　　　)　㋑ (　　　)

＼できた度／
☆☆☆☆☆

水の かさ

⭐ 1dL の 水が ほしいのですが、5dL と 3dL の コップしか ありません。どうやって 1dL を はかりますか。

① 3dL の コップに 一ぱいの 水を
入れる。3dL の コップに 入って いる

水は （　　　　　） dL。

② それを 5dL の コップに 入れる。
5dL の コップに 入った 水は

（　　　　） dL。

③ もう一ど、3dL の コップに 水を
一ぱい 入れる。3dL の コップに 入っ

て いるのは （　　　　） dL。

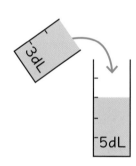

④ それを また 5dL の コップに

入れる。（　　　　） dL 入って、5dL の

コップが まんたんに なります。

⑤ すると、3dL の コップには、

（　　　　） dL の 水が のこります。

\できた度/
☆☆☆☆☆

かけ算

名前　　　　　　月　　　日

★　12×6の　計算を　つぎの　図のように　考えました。□に
あてはまる　数を　書きましょう。

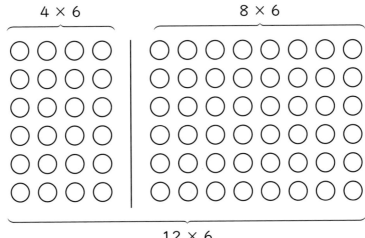

①　12×6の　答えは　□　×　□　と　□　×　□　の
答えを　たした　数に　なります。

②　□　+　□　=　□　だから　12×6＝□　に
なります。

③　6×6と　□　×6の　たし算でも　計算できます。

1 もとの　大きさの　$\frac{1}{3}$ だけ
色を　ぬりましょう。

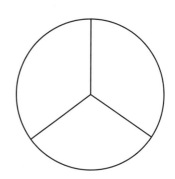

2 もとの　大きさの　$\frac{1}{8}$ だけ
色を　ぬりましょう。

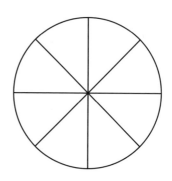

3 つぎの　図は　何分の一ずつに　分けられて　いますか。（　　）
に　書きましょう。

①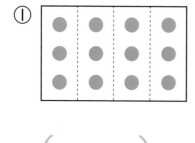

（　　　　　）

②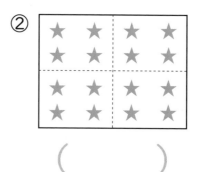

（　　　　　）

\ できた度 /
☆☆☆☆☆

はこの 形

名前　　　　　月　　　日

1 ひごと ねん土玉を つかって はこの 形を 作ります。はこの 形が できるのは どちらですか。

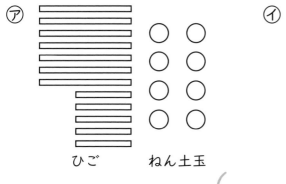

ひご　　　　ねん土玉

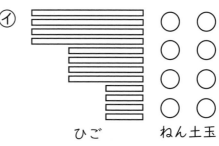

ひご　　　　ねん土玉

(　　　　　)

2 サイコロは むかいあう 面の 目の 数を たすと、7に なるように できて います。
　空いて いる ところに サイコロの 目を かきましょう。

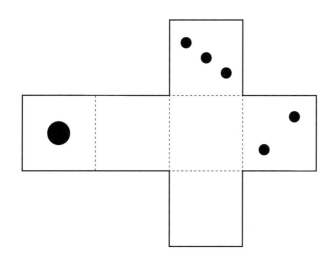

こた
答え

ひょうと グラフ

p.4 チェック

1 ①

どうぶつの　数

どうぶつ	うさぎ	ひつじ	やぎ	にわとり	ろば
数	6	2	3	7	2

② にわとり

③ ひつじ、ろば

④ 20ぴき

2 ①

ペットを　かって　いる　人数

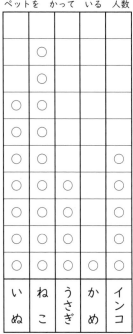

い ぬ	ね こ	う さ ぎ	か め	イ ン コ

② ねこ

③ ㋐　たくみ　　　㋑　しょう

p.6 ホップ

1 ①

くだものの　数

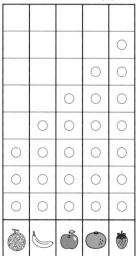

②

くだものの　数

くだもの	🍈	🍌	🍎	🍊	🍓
人数	3	4	5	6	7

2 ① 4こ　　　　② まり

③ りょうた　　④ 15こ

p.8 ステップ

1 ①

おはじきの　数

名前	かなと	みらい	なお	はるか	しゅうと
こ数	3	2	5	3	6

② なお　　③ はるか

④ かなと、はるか

2 ① ほけんがかり

② 2人　　③ 5人　　④ 31人

p.10 たしかめ

1 ①

花の　本数

花	たんぽぽ	パンジー	ひまわり	チューリップ	ゆり
本数	7	4	2	5	3

② チューリップ

③ 2本　　④ 1本

2 ① やさいを　買った　人数

○				
○	○			
○	○	○		
○	○	○		
○	○	○		○
○	○	○		○
○	○	○	○	○
○	○	○	○	○
トマト	にんじん	きゅうり	ねぎ	かぶ

② 6人

③ ⑦ さわ　　　④ あいか

p.12　チェック

1 ① 60　　② 24　　③ 12　　④ 1

2 ① 午前9時10分

　　② 午後7時20分

3 15分間

4 ① 90　　② 1、10

5 ① 時こく、8　　② 時間、20

6 ① 午前7時50分　　② 午前6時10分

p.14　ホップ

1 ① 午前7時20分

　　② 午後0時30分（午前12時30分）

　　③ 午後6時50分

2

3 ① 午前11時40分　　② 午前9時40分

4 ① 35分間　　② 2時間

5 ① 6時間　　② 午後1時

p.16　ステップ

1 ① 12　　② 12　　③ 24

2 ① 60　　② 12

3 ① 午前7時　　② 1時間30分

　　③ 午後4時30分

4 午後3時40分

5 10時間

p.18　たしかめ

1 ① 1　　② 1

　　③ 2　　④ 1

2 ① 午前10時25分

　　② 午後3時35分

3 45分間

4 ① 105　　② 1、55

5 ① 時こく、40　　② 時間、30

6 ① 午後3時50分　　② 午後5時35分

たし算と　ひき算

p.20　チェック
1 ① 55　② 87　③ 79
④ 81　⑤ 80　⑥ 36
2 ① 13　② 18　③ 61
④ 18　⑤ 88　⑥ 43
3 しき　23 + 15 = 38　答え　38 さつ
4 しき　56 - 23 = 33　答え　33 こ
5 しき　23 - 7 = 16　答え　16 羽

p.22　ホップ
1 ① 69　② 45　③ 85
④ 28　⑤ 25　⑥ 83
2 ① 93　② 35　③ 81
④ 60　⑤ 70　⑥ 84
3 ① 21　② 27　③ 33
④ 28　⑤ 30　⑥ 94
4 ① 48　② 27　③ 37
④ 24　⑤ 13　⑥ 37

p.24　ステップ
1 しき　26 + 13 = 39　答え　39 まい
2 しき　67 + 24 = 91　答え　91 円
3
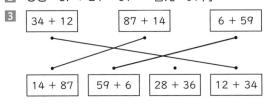
4 しき　67 - 25 = 42　答え　42 円
5 しき　37 - 29 = 8
　　答え　はるかさんが 8 回多くとんだ
6
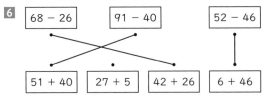

p.26　たしかめ
1 ① 95　② 68　③ 93
④ 74　⑤ 70　⑥ 81
2 ① 33　② 26　③ 30
④ 24　⑤ 26　⑥ 27
3 しき　42 + 35 = 77　答え　77 ページ
4 しき　46 + 46 = 92　答え　92 円

5 しき　53 - 27 = 26
　　答え　赤い花が 26 本多い

長さ①

p.28 チェック

1 ① 3cm

② 5cm

③ 7cm5mm

④ 13cm

2 ① 3cm6mm

② 5cm

3 ① cm　② mm

4 ①

3cm

②

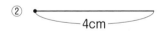

6cm5mm

5 ① 20　② 43　③ 7　④ 1、6

6 ① 7cm　② 3cm

7 しき　15 + 15 = 30　答え　30cm

p.30 ホップ

1 ① 2cm

② 5cm

③ 12cm

2 ① 5cm5mm

② 8cm6mm

3 ① ㋐　② ㋑

4 ① cm　② mm

5 ①

5mm

②

4cm

③

7cm5mm

p.32 ステップ

1 ① 20　② 7　③ 35　④ 4、9

2 ① 6cm1mm

② 7cm

③ ㋑

3 ① 12cm　② 9cm

③ 8cm7mm　④ 6cm3mm

4 しき　30cm + 12cm = 42cm

答え　42cm

5 しき　13cm6mm − 7cm4mm = 6cm2mm

答え　6cm2mm

p.34 たしかめ

1 ① 1cm5mm

② 4cm5mm

③ 9cm

④ 10cm5mm

2 ① 2cm3mm

② 5cm9mm

3 ① mm　② cm

4 ①

3cm5mm

②

6cm2mm

5 ① 100　② 19　③ 74　④ 10、5

6 ① 5cm9mm　② 7cm2mm

7 しき　18cm9mm − 11cm6mm = 7cm3mm

答え　赤いリボンが 7cm3mm 長い

100より　大きい　数

p.36 チェック

1 ① 232円　② 454円

2 ① 378　② 690　③ 107

3 ① 3、7、5　② 260　③ 574

4 ① 300　② 550、575

　　③ 110、520

5 ① ＜　② ＞　③ ＞　④ ＜

6 しき　200＋300＝500　答え　500円

p.38　ホップ

1 ① 100円　② 135円

　　③ 602円　④ 370円

　　⑤ 1000円

2 ① 276　② 758

　　③ 970　④ 109

3 ① 5、2、3

　　② 379　③ 920

4 ① 520　② 807

　　③ 520　④ 700

p.40　ステップ

1 ① 10

　　② ㋐ 70　㋑ 230

　　　 ㋒ 350　㋓ 560

2 ① 100　② 120

　　③ 900　④ 700

　　⑤ 60　⑥ 80

　　⑦ 200　⑧ 500

3 ① ＞　② ＜

　　③ ＝　④ ＞

4 しき　80＋30＝110　答え　110こ

5 しき　160－70＝90　答え　90まい

6 しき　500－250＝250　答え　250円

p.42　たしかめ

1 ① 353　② 725

2 ① 952　② 299　③ 1000

3 ① 8、2、4

　　② 686　③ 990

4 ① 780

　　② 160、185

　　③ 680、940

5 ① ＜　② ＜

　　③ ＞　④ ＞

6 しき　500－300＝200　答え　200円

大きい 数の たし算と ひき算

p.44 チェック
1 ① 11、1、1
② 1、14、4、1
2 ① 105　② 121
③ 460　④ 625
3 ① 53　② 47　③ 838
4 しき　74 ＋ 48 ＝ 122　答え　122こ
5 しき　104 － 36 ＝ 68　答え　68こ

p.46 ホップ
1 ① 132　② ○　③ ○　④ 73
2 ① 591　② 982　③ 491
④ 97　⑤ 246　⑥ 604
3 ① 120　② 113　③ 156
④ 116　⑤ 141　⑥ 111
4 ① 77　② 61　③ 83
④ 88　⑤ 63　⑥ 88

p.48 ステップ
1 しき　68 ＋ 75 ＝ 143　答え　143人
2 しき　72 ＋ 69 ＝ 141　答え　141円
3 しき　217 ＋ 38 ＝ 255　答え　255ページ
4 しき　131 － 98 ＝ 33　答え　33cm
5 しき　128 － 49 ＝ 79
答え　チョコレートが79円高い
6 しき　123 － 35 ＝ 88　答え　88まい

p.50 たしかめ
1 ① 8、百、十
② 一、14、8、6、9、2、7
2 ① 475　② 310
③ 91　④ 616
3 ① 88　② 208　③ 9
4 しき　86 ＋ 84 ＝ 170　答え　170人
5 しき　152 － 27 ＝ 125　答え　125まい

水の かさ

p.52 チェック
1 ① 8dL　② 2L4dL
2 ① L　② mL　③ dL
3 ① 1000　② 4
③ 5、60　④ 2
4 ① ㋑　② ㋑
5 ① 8L8dL
② 2L8dL
③ 4L4dL
④ 6L4dL
6 しき　2L8dL ＋ 2L ＝ 4L8dL
答え　4L8dL

p.54 ホップ
1 ①

②

③

④

⑤

2 ① ㋐ 3　㋑ 30
② ㋐ 1.5　㋑ 15
③ ㋐ 2.7　㋑ 27
3 ① mL　② dL

— 133 —

p.56 ステップ

1 ① 1000 ② 30
③ 5 ④ 27
⑤ 800

2 ① 5L5dL
② 1L6dL
③ 8L9dL
④ 6L2dL
⑤ 8L9dL

3 ① しき　3L + 5L4dL = 8L4dL
答え　8L4dL
② しき　5L4dL − 3L = 2L4dL
答え　2L4dL

4 ① しき　2L5dL − 6dL = 1L9dL
答え　1L9dL
② しき　2L5dL + 1L7dL = 4L2dL
答え　4L2dL

p.58 たしかめ

1 ① 13dL（1L3dL）
② 2L4dL

2 ① L　　② dL　　③ mL

3 ① 3　　② 4
③ 15　　④ 5

4 ① ㋑　　② ㋑

5 ① 4L7dL
② 5L3dL
③ 2L8dL
④ 2L7dL

6 しき　1L2dL − 800mL = 4dL（400mL）
答え　なぎさんの水とうが 4dL（400mL）多く
入る

三角形と　四角形

p.60 チェック

1 ① ㋑、㋓　② ㋐

2 ① へん　　② ちょう点

3 ① 三角形　② 直角三角形

4 ①

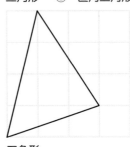

三角形

②

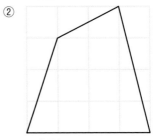

四角形

5 ① ※れい

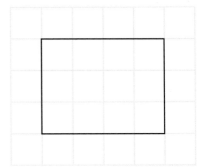

② ※れい

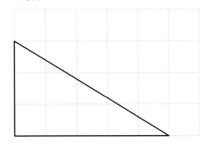

p.62 ホップ

1 ① ㋐、㋕　② ㋒、㋛

2 ① 3　　② 4

3 ① 長方形
② 直角三角形
③ 正方形

4 ① ※れい

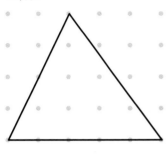

② ※れい

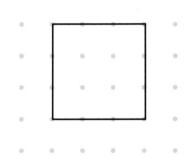

p.64　ステップ

1 ① ⑦　　② ⑦
2 ① ⑦、⑦
② ⑦、⑦
3 ⑦
4 ⑦　2cm　⑦　5cm
5 ① ※れい

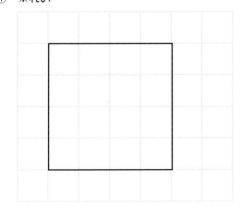

② ※れい

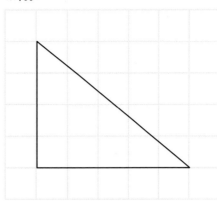

p.66　たしかめ

1 ① ⑦　　② ⑦　　③ ⑦
2 ① へん　　② ちょう点
3 ① 四角形
② 長方形
③ 正方形

4 ①

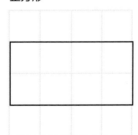

長方形

②

正方形

5 ① ※れい

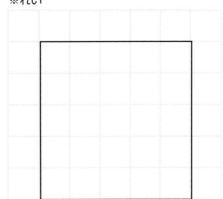

② ※れい

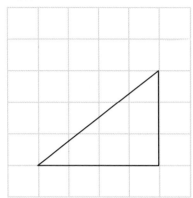

p.68　チェック

1 ① 2、3
② 2、2、2
③ 2

2 ① 2　　　② 3
③ 2　　　④ 4

3 ① 2 × 4
② 3 × 3
③ 5 × 2

4 ① 20　　② 18
③ 14　　④ 20
⑤ 24　　⑥ 25
⑦ 21　　⑧ 16
⑨ 30　　⑩ 28
⑪ 18　　⑫ 24

5 しき　4 × 3 = 12　　答え　12 こ

6 しき　5 × 7 = 35　　答え　35cm

p.70　ホップ

1 ① 3 × 2　　② 6 × 3　　③ 5 × 4

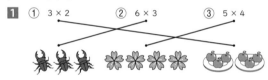

2 ① 18　　② 14
③ 35　　④ 32
⑤ 28　　⑥ 24
⑦ 16　　⑧ 16
⑨ 15　　⑩ 25
⑪ 24　　⑫ 7
⑬ 27　　⑭ 45

3 ① 6　　② 7
③ 4　　④ 8

4 ① 42　　② 28
③ 54　　④ 48
⑤ 56　　⑥ 54
⑦ 56　　⑧ 63
⑨ 35　　⑩ 49
⑪ 54　　⑫ 12
⑬ 18　　⑭ 64

p.72　ステップ

1 ① 2 × 6、6 × 2、3 × 4、4 × 3
② 4 × 9、9 × 4、6 × 6

2 ①

かける数 / かけられる数		3	5	1	7	9	2	8	4	6
4のだん	4	12	20	4	28	36	8	32	16	24

②

かける数 / かけられる数		4	6	2	5	8	3	9	1	7
7のだん	7	28	42	14	35	56	21	63	7	49

③

かける数 / かけられる数		2	6	5	3	8	1	7	9	4
9のだん	9	18	54	45	27	72	9	63	81	36

3 しき 8 × 6 = 48　　答え 48人
4 しき 6 × 7 = 42　　答え 42本
5 しき 3 × 7 = 21　　答え 21人
6 しき 7 × 4 = 28　　答え 28cm

p.74 たしかめ

1 ① 6、4
　② 6、6、6、6
　③ 6
2 ① 6　　　　② 4
　③ 9　　　　④ 9
3 ① 6 × 3
　② 7 × 5
　③ 8 × 4
4 ① 49　　　　② 42
　③ 48　　　　④ 56
　⑤ 27　　　　⑥ 81
　⑦ 48　　　　⑧ 32
　⑨ 72　　　　⑩ 42
　⑪ 63　　　　⑫ 54
5 しき 7 × 6 = 42　　答え 42日
6 しき 8 × 9 = 72　　答え 72こ

1000より 大きい 数

p.76 チェック

1 ① 4638　　② 2753
2 ① 3875　　② 6921
3 ① 4、2、5、8
　② 8137　　③ 24
4 ① 1200　　② 1400
　③ 200　　④ 800
5 ① ＞　　　② ＜
6 ① 4000、5500
　② 7200、7500
7 しき 800 + 700 = 1500　　答え 1500円

p.78 ホップ

1 千のくらい 2、百のくらい 0
2 ① 千二百五十七
　② 六千四百三十
　③ 二千九百五
　④ 八千一
3 ① 2564　　② 9860　　③ 5047
4 ① 4623　　② 5074
5 ① 4、3、7
　② 1、9、5
　③ 1000、10
6 2000、300、2300
7 ① 6こ　　② 40こ
　③ 37こ　　④ 59こ

p.80 ステップ

1 ① 1100　　② 1500
　③ 500　　④ 800
2 ① ＜　　　② ＜
3 ① 100
　② 3000、5000
　③ ㋐ 700　㋑ 2300　㋒ 4800
4 ① 7000、8500
　② 9300、9800
　③ 9950、9990
5 しき 300 + 100 = 400　　答え 400ページ
6 しき 1000 − 300 = 700　　答え 700円

p.82 たしかめ

1 ① 6204　　② 3007
2 ① 7820　　② 5009

3 ① 7、4、6 ② 5200
  ③ 990   ④ 460
4 ① 1300   ② 1400
  ③ 500   ④ 400
5 ① ＜   ② ＜
6 ① 3000、3030   ② 9930、9970
7 しき　1000 － 300 ＝ 700　　答え　700円

長さ②

p.84　チェック
1 ① 2m49cm ② 4m5cm
2 ① 2   ② 3、40
3 ① m   ② cm
  ③ mm   ④ m
4 ① m   ② 4
  ③ 356
5 ① 5m40cm
  ② 2m80cm
  ③ 1m56cm
  ④ 9m11cm
6 しき　14 ＋ 18 ＝ 32　　答え　32m

p.86　ホップ
1 ① 100   ② 5   ③ 1、30
  ④ 80   ⑤ 100、100, 160
2 ① 2、60
  ② 390
3 ① 200   ② 5   ③ 420
  ④ 5、70   ⑤ 103   ⑥ 7、9
4 ① ㋐ 3、20   ㋑ 320
  ② ㋐ 5、3   ㋑ 503

p.88　ステップ
1 ① cm   ② mm   ③ m
2 ① 7   ② 1、90
  ③ 4、6   ④ 540
  ⑤ 309   ⑥ 1000
3 ① 5m45cm
  ② 7m90cm
  ③ 2m50cm
  ④ 10m80cm
  ⑤ 40cm
4 しき　1m25cm ＋ 15cm ＝ 1m40cm
  答え　1m40cm
5 ① 30cm ものさし
  ② 1m ものさし

p.90 たしかめ
1 ① m   ② mm
  ③ m   ④ cm
2 ① 1、80   ② 2、20
3 ① 9m98cm   ② 12m7cm

4	① m	② 25
	③ 6、95	

5 ① 10m45cm

② 2m72cm

③ 5m

④ 6m23cm

6 しき 8m50cm − 4m35cm = 4m15cm

答え 4m15cm

図を つかって 考える

p.92 チェック

1 ① イ

② しき 27 − 12 = 15　答え 15こ

2 ㋐ 12　　㋑ 19　　㋒ 12

㋓ 19　　㋔ 31　　㋖ 31

3 しき 25 − 7 = 8　答え 18人

p.94 ホップ

1 (1) ① ㋒　　② ㋐　　③ ㋑

(2) ① ㋐　　② ㋒　　③ ㋑

2 ① 8　　② 6

しき 8 + 6 = 14　答え 14まい

3 ① 32　　② 21

しき 32 + 21 = 53　答え 53ページ

p.96 ステップ

1 (1) ① 56　　② □　　③ 94

しき 94 − 56 = 38　答え 38ページ

(2) ① 23　　② □　　③ 7

しき 23 − 7 = 16　答え 16m

2 (1) ① ㋔　② ㋐　③ ㋒　④ ㋓

※②③じゅんふどう

(2) しき 14 + 27 = 41　答え 41こ

p.98 たしかめ

1 ① ㋒

② しき 30 − 11 = 19　答え 19こ

2 ㋐ 52　　㋑ 71　　㋒ 71

㋓ 52　　㋔ 19　　㋖ 19

3 しき 84 + 67 = 151　答え 151円

分数

p.100 チェック

1 ⑦、⑦

2 $\dfrac{1}{3}$ ㋤　　$\dfrac{1}{4}$ ㋑

3 $\dfrac{1}{2}$

$\dfrac{1}{6}$

4 ① $\dfrac{1}{3}$　　② $\dfrac{1}{4}$

5 ① 4 ばい　　② $\dfrac{1}{3}$

p.102 ホップ

1 2、1、$\dfrac{1}{2}$、分数

2
① $\dfrac{1}{2}$
② $\dfrac{1}{3}$
③ $\dfrac{1}{4}$
④ $\dfrac{1}{8}$

3 ① ※れい

② ※れい

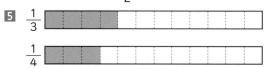

4 ① 2 ばい　　② $\dfrac{1}{2}$

5 $\dfrac{1}{3}$

$\dfrac{1}{4}$

p.104 ステップ

1 ㋒

2 ① $\dfrac{1}{3}$　　② $\dfrac{1}{4}$

③ $\dfrac{1}{6}$　　④ $\dfrac{1}{8}$

3 ① ㋤　　② ㋑

4 ㋒

p.106 たしかめ

1 ⑦、㋑

2 ㋒

3 $\dfrac{1}{4}$

$\dfrac{1}{8}$

4 ① $\dfrac{1}{2}$　　② $\dfrac{1}{4}$

5 ① 4 ばい　　② $\dfrac{1}{3}$

はこの 形

p.108 チェック

1 ① 面（めん）　　② へん　　③ ちょう点
　　④ 6　　　　　　⑤ 12　　　⑥ 8

2 ウ

3 ① ウ　　　② イ

4

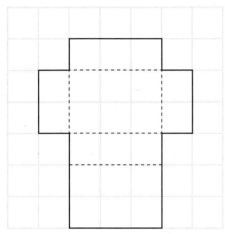

4

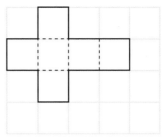

p.110 ホップ

1 ① へん　　② 面（めん）　　③ ちょう点

2 ① 長方形
　　② 6　　　③ 2

3 ① 4、4、4　　② 8
　　③ へん　　④ ちょう点
　　⑤ 面

4 ⑦

p.112 ステップ

1 ⑦

2 ⑦

3 ① ⑦、6
　　② ⑦、2　　⑨、2　　⑤、2

p.114 たしかめ

1 ① 6　　　② 12　　③ 8
　　④ 正方形　⑤ 長方形　⑥ 同じ
　　※④⑤じゅんふどう

2 ⑦

3 ① ⑨　　　② ⑦

★ ① 体いく

② 生活、音楽

③ 5人

④ 28人

★ ① 9時20分

② 55分間

③ 2時間10分

④ 1時間15分（75分間）

★ ①

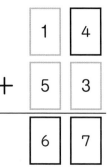

※ 1 5は入れかえてもよい

②

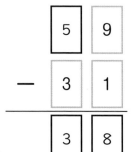

または

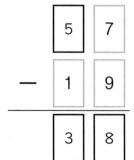

③

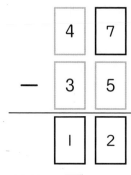

または

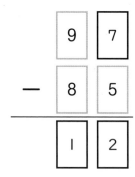

1 ① 89mm

② しき　8cm9mm = 89mm

91mm − 89mm = 2mm

答え　赤えんぴつが2mm長い

2 ① しき　14cm6mm + 12cm9mm

= 27cm5mm

答え　27cm5mm

② しき　14cm6mm − 12cm9mm

= 1cm7mm

答え　黄色のリボンが1cm7mm長い

★ ① 7、8、9

② 8、9

1 ① 9　　　② 0

③ 7　　　④ 0

2 ⑦、⑦

3 ・⑦ 0　　⑦ 8

・⑦ 1　　⑦ 9

p.122

★ ① 3 　　② 3

　 ③ 3 　　④ 2

　 ⑤ 1

p.123

★ ① 4、6、8、6

　 ② 24、48、72、72

　 ③ 6

p.124

1 ※れい

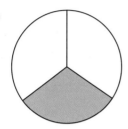

2 ※れい

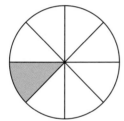

3 ① $\dfrac{1}{4}$ 　　② $\dfrac{1}{4}$

p.125

1 ⑦

2

学力の基礎をきたえどの子も伸ばす研究会

常任委員長　岸本ひとみ

HPアドレス　http://gakuryoku.info/

事務局　〒675-0032 加古川市加古川町備後 178-1-2-102 岸本ひとみ方　☎-Fax 0794-26-5133

① めざすもの

　私たちは、すべての子どもたちが、日本国憲法と子どもの権利条約の精神に基づき、確かな学力の形成を通して豊かな人格の発達が保障され、民主平和の日本の主権者として成長することを願っています。しかし、発達の基礎ともいうべき学力の基礎を鍛えられないまま落ちこぼれている子どもたちが普遍化し、「荒れ」の情況があちこちで出てきています。

　私たちは、「見える学力、見えない学力」を共に養うこと、すなわち、基礎の学習をやり遂げさせることと、読書やいろいろな体験を積むことを通して、子どもたちが「自信と誇りとやる気」を持てるようになると考えています。

　私たちは、人格の発達が歪められている情況の中で、それを克服し、子どもたちが豊かに成長するような実践に挑戦します。

　そのために、つぎのような研究と活動を進めていきます。

　　① 「読み・書き・計算」を基軸とした学力の基礎をきたえる実践の創造と普及。
　　② 豊かで確かな学力づくりと子どもを励ます指導と評価の研究。
　　③ 特別な力量や経験がなくても、その気になれば「いつでも・どこでも・だれでも」ができる実践の普及。
　　④ 子どもの発達を軸とした父母・国民・他の民間教育団体との協力、共同。

　私たちの実践が、大多数の教職員や父母・国民の方々に支持され、大きな教育運動になるような地道な努力を継続していきます。

② 会　　　員

　・本会の「めざすもの」を認め、会費を納入する人は、会員になることができる。
　・会費は、年4000円とし、7月末までに納入すること。①または②

| ①郵便番号　口座振込　00920-9-319769 |
| 名　　称　学力の基礎をきたえどの子も伸ばす研究会 |

| ②ゆうちょ銀行 |
| 店番099　店名〇九九店　当座0319769 |

　・特典　研究会をする場合、講師派遣の補助を受けることができる。
　　　　　大会参加費の割引を受けることができる。
　　　　　学力研ニュース、研究会などの案内を無料で送付してもらうことができる。
　　　　　自分の実践を学力研ニュースなどに発表することができる。
　　　　　研究の部会を作り、会場費などの補助を受けることができる。
　　　　　地域サークルを作り、会場費の補助を受けることができる。

③ 活　　　動

　全国家庭塾連絡会と協力して以下の活動を行う。

　・全 国 大 会　全国の研究、実践の交流、深化をはかる場とし、年1回開催する。通常、夏に行う。
　・地域別集会　地域の研究、実践の交流、深化をはかる場とし、年1回開催する。
　・合宿研究会　研究、実践をさらに深化するために行う。
　・地域サークル　日常の研究、実践の交流、深化の場であり、本会の基本活動である。
　　　　　　　　　可能な限り月1回の月例会を行う。
　・全国キャラバン　地域の要請に基づいて講師派遣をする。

全 国 家 庭 塾 連 絡 会

① めざすもの

　私たちは、日本国憲法と教育基本法の精神に基づき、すべての子どもたちが確かな学力と豊かな人格を身につけて、わが国の主権者として成長することを願っています。しかし、わが子も含めて、能力があるにもかかわらず、必要な学力が身につかないままになっている子どもたちがたくさんいることに心を痛めています。

　私たちは学力研が追究している教育活動に学びながら、「全国家庭塾連絡会」を結成しました。

　この会は、わが子に家庭学習の習慣化を促すことを主な活動内容とする家庭塾運動の交流と普及を目的としています。

　私たちの試みが、多くの父母や教職員、市民の方々に支持され、地域に根ざした大きな運動になるよう学力研と連携しながら努力を継続していきます。

② 会　　　員

　本会の「めざすもの」を認め、会費を納入する人は会員になれる。
　会費は年額1500円とし（団体加入は年額3000円）、8月末までに納入する。
　会員は会報や連絡交流会の案内、学力研集会の情報などをもらえる。

| 事務局　〒564-0041 大阪府吹田市泉町4-29-13 影浦邦子方　☎-Fax 06-6380-0420 |
| 郵便振替　口座番号　00900-1-109969　　名称　全国家庭塾連絡会 |

ぎゃくてん！ 算数ドリル　小学2年生

2022年4月20日　発行

●著者／川岸 雅詩
●発行者／面屋 尚志
●発行所／フォーラム・A
　〒530-0056 大阪市北区兎我野町15-13-305
　TEL／06-6365-5606　FAX／06-6365-5607
　振替／00970-3-127184

●印刷・製本／株式会社 光邦
●デザイン／有限会社ウエナカデザイン事務所
●制作担当編集／樫内 真名生
●企画／清風堂書店
●HP／http://foruma.co.jp/
※乱丁・落丁本はおとりかえいたします。